东北地区跨省河流开发利用与水资源管理系列丛书

绰尔河流域
开发利用与水资源管理

主　编　李光华

副主编　陈　伟　崔亚锋

中国水利水电出版社
www.waterpub.com.cn
·北京·

内 容 提 要

本书是在绰尔河流域综合规划、水量分配方案、水量调度方案、生态流量保障实施方案成果的基础上编写而成。全书包括流域规划篇、水量分配方案篇、水量调度方案篇、生态流量保障实施方案篇，梳理绰尔河流域发展现状和存在的问题，研究流域经济与社会发展对水利的需求，通过完善流域防洪减灾、水资源配置、水生态环境保护、流域综合管理等体系，研究向外流域调水的方案，协调流域与区域、水利与涉水行业的关系，提出流域水利开发利用的总体布局，制订综合流域治理、开发方案。

本书可供水利（水务）、农业、城建、环境、国土资源、规划设计及相关部门的科研工作者、规划管理人员阅读，也可供水文水资源、水利、生态、环境等相关专业的高校师生参考。

图书在版编目（CIP）数据

绰尔河流域开发利用与水资源管理 / 李光华主编
. -- 北京 : 中国水利水电出版社, 2023.9
（东北地区跨省河流开发利用与水资源管理系列丛书）
ISBN 978-7-5226-1816-6

Ⅰ. ①绰… Ⅱ. ①李… Ⅲ. ①流域－水资源管理－研究－东北地区 Ⅳ. ①TV213.4

中国国家版本馆CIP数据核字(2023)第182974号

书　名	东北地区跨省河流开发利用与水资源管理系列丛书 **绰尔河流域开发利用与水资源管理** CHUO'ER HE LIUYU KAIFA LIYONG YU SHUIZIYUAN GUANLI
作　者	主　编　李光华 副主编　陈　伟　崔亚锋
出版发行	中国水利水电出版社 （北京市海淀区玉渊潭南路1号D座　100038） 网址：www.waterpub.com.cn E-mail：sales@mwr.gov.cn 电话：(010) 68545888（营销中心）
经　售	北京科水图书销售有限公司 电话：(010) 68545874、63202643 全国各地新华书店和相关出版物销售网点
排　版	中国水利水电出版社微机排版中心
印　刷	涿州市星河印刷有限公司
规　格	170mm×240mm　16开本　11.75印张　186千字
版　次	2023年9月第1版　2023年9月第1次印刷
印　数	001—600册
定　价	**80.00**元

前言

绰尔河为嫩江右岸一级支流，发源于内蒙古牙克石市。绰尔河流域跨内蒙古、黑龙江两省（自治区），河流全长501.7km，流域面积17736km^2，流域多年平均水资源总量为22.10亿m^3。绰尔河自两家子断面以上约9km处至两家子断面以下约37km处为内蒙古自治区和黑龙江省界河段，界河段长约46km。绰尔河流域下游地处嫩江平原，是国家重要的商品粮生产基地。随着流域经济社会的快速发展，流域保护、治理和开发还存在一些问题，突出表现在水资源保障能力不足、防洪体系不完善、水污染防治形势比较严峻、流域综合管理能力有待提升等。此外，邻近的洮儿河流域兴安盟和西辽河平原区缺水严重，有从绰尔河流域调水的迫切需求。

依据《中华人民共和国水法》等法律法规，按照国务院关于开展流域综合规划编制工作的总体部署，水利部松辽水利委员会会同流域内内蒙古自治区、黑龙江省有关部门，在调研查勘、分析研究、征求意见的基础上，编制完成了《绰尔河流域综合规划》。实施江河流域水量分配和统一调度，是《中华人民共和国水法》确立的水资源管理重要制度，是落实最严格水资源管理制度、合理配置和有效保护水资源、加强水生态文明建设的关键措施。在流域规划的基础上，水利部松辽水利委员会组织编制完成了《绰尔河流域水量分配方案》《绰尔河水量调度方案》《绰尔河生态流量保障实施方案》等成果。

本书由流域规划篇、水量分配方案篇、水量调度方案篇、生态流量保障实施方案篇四部分组成，共13章。第1章、第3章由李光华、关雪编写，第2章由陈伟、崔亚锋编写，第4章由崔亚锋编写，第5章、第6章由胡春媛编写，第7章由关雪、周胜利编写，第8章、第9章、第10章由关雪编写，第11章、第13章由李航、胡春媛编写，第12章由胡春媛编写。全书由李光华、陈伟、崔亚锋统稿。

本书在编写过程中得到了费丽春教授的悉心指导，在此特别表示感谢！书中个别内容或存在疏漏，恳请读者指正。

作者

2023年5月

目录

水量分配方案篇

水量调度方案篇

生态流量保障实施方案篇

流域规划篇

第1章

流域规划总论

1.1 流域概况

1.1.1 自然地理

绰尔河为嫩江右岸一级支流，发源于大兴安岭英吉尔达山脉东坡内蒙古自治区牙克石市绰源镇，河流呈L形，流经内蒙古自治区牙克石市、扎兰屯市、扎赉特旗和黑龙江省龙江县，在泰来县嫩江江桥水文站上游9km处汇入嫩江，河流全长501.7km。绰尔河流域位于东经120°30′～123°40′、北纬46°45′～48°40′之间，大兴安岭东坡，为窄长形羽毛状，地势北高南低。流域西北部隔大兴安岭与海拉尔河流域分界，东北部与雅鲁河流域相邻，西南及南部与洮儿河、二龙套河流域为邻，东与嫩江相接。流域平均宽度34.54km，山地占流域面积的55%，丘陵地占37%，平原占8%。行政区涉及内蒙古和黑龙江两省（自治区），流域面积17736km^2，其中内蒙古自治区16914km^2，占95.4%；黑龙江省822km^2，占4.6%。

绰尔河流域水系发达，支流众多，主要支流有塔尔气河、莫柯河、柴河、固里河、哈布气河、托欣河、特莫河、沙巴尔吐河等。绰尔河流域主要支流特性见表1.1-1。

表 1.1-1 绰尔河流域主要支流特性表

支流名称	河流长度 /km	流域面积 /km^2	涉及县级行政区
塔尔气河	42.4	552	牙克石市
莫柯河	62.6	638	牙克石市
柴河	81.8	148	扎兰屯市
固里河	47.7	648	扎兰屯市
哈布气河	67.9	1093	扎兰屯市
托欣河	103.6	1923	阿尔山市、科尔沁右翼前旗、扎赉特旗、扎兰屯市
特莫河	62.5	1040	科尔沁右翼前旗、扎赉特旗
沙巴尔吐河	51.9	247	扎赉特旗

绰尔河河源至广门山峡之间为上游，属山岳地区，为林区段，以林业为主，面积 10898km^2，高程在 1069.00～407.00m 之间，河道比降在 1/135～1/433 之间。山坡天然林木较多，起着涵养水源、调节气候、保持生态平衡的重要作用。

广门山峡至茂林格尔大桥之间为中游，属丘陵地区，为半农半牧区段，面积 4604km^2。河谷开阔，沿河两岸大都是丘陵漫岗，也有部分低山，植被较好，河道比降在 1/433～1/491 之间。

茂林格尔大桥以下为下游，属平原地区，为农区段，面积 2234km^2。该段地形为绰尔河出口河谷的冲积扇与冰川及河流沉积区，河道比降在 1/491～1/553 之间。该区地表水和地下水均很丰富，地势平坦，土地肥沃，引水方便，以农业为主，是内蒙古自治区的主要产稻区。

绰尔河流域成土条件受气候和地形影响，土壤类型复杂，种类繁多，包括森林土、棕壤土、褐土、黑土、黑钙土、栗钙土、风沙土、沼泽土、草甸土等。绰尔河流域上游为低山丘陵地区，下游为平原地区，现状林草植被覆盖率 74.3%。主要植被为寒温性针叶林、温性落叶阔叶林、草原植被、草甸植被、农田等。

1.1.2 气象水文

1.1.2.1 气象

绰尔河流域地处大兴安岭东侧，冬季严寒，夏季温热。年平均气温为－0.4～3.6℃；年平均风速为2.8～3.5m/s，最大风速达27.0m/s；年平均日照时数为2720～2894h；年平均无霜期为163d；历年最大冻土深为3.2m。

流域多年平均年降水量为447.3mm，降水量在年内分配不均匀，主要集中在汛期6—9月；年平均蒸发量（20cm蒸发皿观测值）为532.73～919.13mm。

1.1.2.2 水资源量

绰尔河流域多年平均地表水资源量为20.80亿m^3，地下水资源量为4.86亿m^3，不重复量为1.30亿m^3。水资源总量为22.10亿m^3。

1.1.2.3 泥沙

绰尔河流域文得根水文站以上为山区，植被较好，水土流失较轻，产沙量不大；文得根水文站以下河道开阔，植被条件较差，两岸地势低平，是主要的产沙区。两家子水文站多年平均悬移质输沙量为41.14万t，实测最大年输沙量为250.1万t（1998年），最小年输沙量为0.63万t（2001年）。

1.1.2.4 冰情

绰尔河属于封冻河流。根据文得根水文站及两家子水文站的冰情资料统计，年平均封冻期为117～131d，历年最大冰厚1.5m。开河流冰期一般在4月，年平均流冰天数为10～23d；封河流冰期一般在11月，年平均流冰天数为18～28d。开河形式为文开河，到目前为止，尚无资料表明有冰塞、冰坝等特殊冰情。

1.1.3 洪水

绰尔河流域洪水主要由暴雨形成，暴雨多发生在7—8月，其中以7

月最多。历史上有记载的较大洪水发生在1897年、1933年、1948年、1951年、1956年、1957年、1990年、1998年、2005年，以1998年洪水为最大，洪灾最重。洪水灾害对本地区的经济发展和人民生命财产安全造成了很大威胁。

1.1.4 经济社会概况

绰尔河流域是一个由蒙古族、汉族、朝鲜族、回族等组成的多民族聚集区。流域行政区划涉及内蒙古自治区和黑龙江省。内蒙古自治区涉及牙克石市、扎兰屯市、阿尔山市3个市及科尔沁右翼前旗、扎赉特旗2个旗，包括绰源镇、塔尔气镇、浩饶山镇、柴河镇、绰尔河农场、音德尔镇、好力保乡、巴达尔胡镇、胡尔勒镇、巴彦乌兰苏木等10个乡镇及农场。下游左岸为黑龙江省的龙江县，包括东华、头站2个乡，下游右岸为黑龙江省泰来县，包括四里五乡、六三农场。

2017年流域总人口33.00万人，其中城镇人口12.97万人，农村人口20.03万人；国内生产总值129.56亿元；耕地面积358.26万亩[1]，农田有效灌溉面积88.45万亩，其中水田40.30万亩，水浇地48.15万亩；大小牲畜144.71万头。

流域内资源丰富，产业以农业、牧业为主，并积极发展工业及第三产业。上游林区段，重点发展林产品及深加工产业、菌类等；中游段为半农半牧区，河谷两岸水土资源匹配条件较好的地区发展农业，草场资源丰富的地区发展牧业；下游农区段土地肥沃，水土资源比较丰富，适宜发展农业灌溉，是本流域重点粮食生产区。

1.1.5 水利发展状况

1.1.5.1 水利规划及前期工作情况

2008年以来，水利部松辽水利委员会组织编制完成了《松花江流域综合规划（2012—2030年）》《松花江流域防洪规划》《松花江和辽河流域水资源综合规划》《松辽流域城市饮用水水源地安全保护规划》《松花江区地表水功能区划》《松花江流域水资源保护规划》等，上述规划的完

[1] 1亩≈667m^2。

成或批复，对本次规划的编制具有指导作用。

2012 年以后，中水东北勘测设计研究有限责任公司和内蒙古自治区水利水电勘测设计院先后完成了《引绰济辽工程规划报告》《引绰济辽工程文得根水利枢纽及乌兰浩特输水段项目建议书》《引绰济辽工程可行性研究报告》等设计成果，并通过了国家发展和改革委员会的批复。

《松花江流域防洪规划》中提出文得根水库的任务为调水、灌溉、防洪、发电兼水产养殖等，水库总库容为 16.53 亿 m^3，兴利库容 10.90 亿 m^3，防洪库容为 2.07 亿 m^3。文得根水库建成后可使下游两岸农田和音德尔镇的防洪能力从 20 年一遇提高到 50 年一遇。

《松花江流域综合规划（2012—2030 年）》提出绰尔河流域是松花江流域灌溉发展的主要地区之一，应加快建设文得根水库，提高流域水资源调配能力，作为引绰济辽的水源工程，可向严重缺水的西辽河流域调水约 6 亿 m^3；根据防洪保护区的重要程度，规划确定绰尔河的防洪标准为 10～30 年一遇。

根据《内蒙古自治区增产百亿斤商品粮生产能力规划》，大兴安岭东麓为农牧业发展带，区域水土资源较好，土壤肥沃，是内蒙古自治区重要的商品粮和特色农产品生产基地。黑龙江省龙江县、泰来县地处绰尔河流域下游嫩江平原，是黑龙江省重要粮食产区和商品粮生产基地，在国家粮食生产中具有重要地位。

依据《全国生态功能区划》及《内蒙古自治区生态功能区划》，绰尔河流域上游属于大小兴安岭森林生态功能区，森林资源丰富，为水源涵养区。应加强河源区、上游水源涵养林保护，开展林地恢复，保持涵养水源的功能，保护生物多样性；加强湿地保护，恢复湿地生态功能；控制土壤侵蚀，维护河源区生态安全。

引绰济辽工程是《松花江和辽河流域水资源综合规划》《辽河流域综合规划（2012—2030 年）》和《松花江流域综合规划（2012—2030 年）》中提出的大型引水工程。工程建设可有效缓解通辽市和兴安盟的严重缺水状况，改善绰尔河下游灌区灌溉水源条件，并结合开发水能资源，对促进蒙东地区经济社会协调可持续发展、实现少数民族地区稳定、改善区域生态环境等具有重要意义。

引绰济辽工程自绰尔河引水至西辽河下游通辽市，向沿线城市和工业园区供水，结合灌溉，兼顾发电等综合利用，至规划水平年2030年，工程多年平均引水量为4.54亿m^3，扣除输水损失后，骨干工程末端多年平均供水量为4.36亿m^3，其中向兴安盟供水1.49亿m^3，向通辽市供水2.87亿m^3。

1.1.5.2 水利发展状况

截至2017年，流域内现有干支流堤防总长183.866km；大型水库1座，总库容2.60亿m^3；引水工程6处，设计供水能力6.24亿m^3；提水工程5处，设计供水能力0.28亿m^3；万亩以上灌区9处，设计灌溉面积46.17万亩。这些水利工程的建设为流域经济社会发展发挥了重要的支撑保障作用。

绰勒水库位于绰尔河干流中游，是以灌溉为主，结合防洪、发电等综合利用的大型水利枢纽工程，坝址以上控制流域面积15122km^2，死水位223.80m，正常蓄水位230.50m，汛限水位229.50m，兴利库容1.54亿m^3，防洪库容0.31亿m^3，总库容2.60亿m^3，设计灌溉面积28万亩。绰勒水库具有蓄洪削峰作用，通过防洪调度，可使水库下游主要防洪对象的防洪标准由30年一遇提高到50年一遇。

1. 防洪

流域已初步形成了以堤防为基础，绰勒水库为辅，与其他非工程措施相结合的综合防洪体系。现有堤防总长183.866km，其中干流堤防长169.726km，支流堤防长14.140km。现状堤防工程防洪能力为10～35年一遇。

2. 水资源利用

2017年绰尔河流域供水量4.55亿m^3，其中地表水供水量2.53亿m^3，占56%；地下水供水量2.02亿m^3，占44%。绰尔河流域现状水资源开发利用程度为21.5%，其中地表水开发利用程度为13.1%，地下水开发利用程度为123.4%，局部区域处于超采状态。

2017年流域农田有效灌溉面积88.45万亩。流域万亩以上灌区9处，实际灌溉面积69.56万亩，其中水田39.91万亩，水浇地29.65万亩。

3. 水资源与水生态保护

绰尔河流域已划分水功能区10个，长度791.2km。其中国务院批复的全国重要江河湖泊水功能区 7 个，长度 573.0km；内蒙古自治区批复的水功能区 3 个，长度 218.2km。现状水功能区水质达标率为 90%。实施了向图牧吉自然保护区补水，缓解了湿地生态系统因缺水发生的退化问题。

4. 水土保持

2017 年，流域水土流失面积 4247.3km^2，流域累计完成水土保持治理面积 889.0km^2。流域上游地区主要为林地，水土保持措施以预防保护为主。中下游地区以坡耕地和侵蚀沟治理为主，综合治理工程主要分布在扎赉特旗和龙江县。

5. 流域管理

流域依法管水取得有效进展，全面推行河长制湖长制，依法实施取水许可、洪水影响评价类审批等制度，强化河道管理范围内建设项目的管理，水行政执法监督不断增强，水利工程管理体制改革积极推进。

1.1.6 面临的形势

（1）保障粮食安全对水资源保障提出新要求。流域现状耕地灌溉率仅 26%，远低于全国平均耕地灌溉率 45%的水平。流域灌溉临界期，内蒙古扎赉特旗与黑龙江省泰来县、龙江县用水矛盾突出。现有绰勒水库调节能力有限，工程性缺水制约了下游农业灌溉发展。随着灌溉面积的扩大，用水量进一步增加，省区间用水矛盾将更加突出，要保证国家粮食安全，提高粮食产量，需要增加供水量，但绰尔河地下水开发利用程度较高，应限制地下水开发，建设地表水调蓄工程，加强农田水利基础设施建设，扩大、改造灌溉面积，提高耕地灌溉率，提高农业供水的保障能力。

（2）流域区域协调发展对流域水资源配置提出迫切要求。绰尔河流域地表水资源量 20.8 亿 m^3，2017 年地表水供水量为 2.53 亿 m^3，仅占地表水资源量的 12.1%，具有较大的开发利用潜力。而洮儿河、西辽河等流域的用水需求日益紧迫，水资源开发利用率较高，尤其是通辽市科尔沁城区地下水水质多项指标超标，居民生活饮用水安全受到威胁，单靠本地区的水资源难以满足该区经济社会发展要求，需要从其他流域调水予以满足。从流域分布看，其他邻近区域水资源有限，绰尔河流域调水是解决通辽市及兴安盟中南部缺水的有效途径。

（3）经济社会快速发展对防洪保障提出更高要求。流域现状堤防仍有部分未达标，部分保护区还存在不封闭段和无堤段。另外，文得根水文站以下为低山丘陵区，地形起伏破碎，沿河两岸沟谷发育，易发山洪灾害，造成严重的经济损失。随着流域内城镇化进程加快，经济总量进一步扩大，居民生活水平逐年提高，防洪保障要求越来越高。

（4）生态文明建设对水生态保护与修复提出新要求。流域现状水环境及水生态状况总体较好，水功能区水质能够达到Ⅲ类标准，但中下游沿岸畜禽养殖和农田灌溉产生的面源污染对绰尔河水质构成威胁，部分城镇污水未达标排放。为改善流域内水生态环境质量，维护流域生态系统健康和可持续，需要进一步加强流域水生态保护和修复。

（5）水利行业强监管对流域管理提出新要求。流域跨地区跨部门协调机制尚不完善，流域管理机构在流域管理中的职责相对单一，水资源监管、河湖监管、水土保持监管、水旱灾害防御监管、水利工程运行监管等方面存在不足，水利工程维修养护没有建立完善的保障机制。要全面推行河长制湖长制，及时发现解决水资源、河湖、水土保持、水旱灾害防御以及水利工程建设运行管理等方面存在的问题，着力推进水权、水价、水利投融资等重要领域和关键环节改革攻坚。

1.2 总体规划

1.2.1 规划原则及目标

1.2.1.1 指导思想

以习近平新时代中国特色社会主义思想为指导，全面贯彻落实党中央的决策部署，紧紧围绕“五位一体”总体布局和“四个全面”战略布局，牢固树立新发展理念，坚持习近平总书记“节水优先、空间均衡、系统治理、两手发力”治水思路，将流域保护与治理作为规划优先任务，全面建设节水型社会，加强水资源保护、水生态修复和水环境治理，增强城乡供水保障能力，进一步完善防洪减灾体系，强化流域综合管理，着力保障流域供水安全、防洪安全和生态安全。

1.2.1.2 规划原则

1. 坚持以人为本、改善民生

牢固树立以人民为中心的发展思想，从满足人民群众日益增长的美好生活需要出发，着力解决人民群众最关心、最直接、最现实的防洪、供水、水生态环境等问题，提升水安全公共服务均等化水平，不断增强人民群众的获得感、安全感，让绰尔河成为造福人民的幸福河，增进民生福祉。

2. 坚持生态保护优先、节水优先

践行绿水青山就是金山银山的理念，尊重自然、顺应自然、保护自然，正确处理好保护与开发的关系，严守生态红线，按照“确有需要、生态安全、可以持续”的要求，科学有序地开发利用水资源。加强水资源节约保护，把水资源作为先导性、控制性和约束性要素，以水而定，约束和规范各类水事行为，实现流域经济社会与生态环境和谐发展。

3. 坚持依法治水、改革创新

切实履行各级水行政管理职责，加快完善水法规体系，加强水行政执法监督，强化涉水事务依法管理和公共服务能力。深化重点领域改革，建立健全流域管理与区域管理相结合的各项流域管理制度，逐步完善流域议事决策和高效执行机制。

4. 坚持统筹兼顾、尊重历史

统筹流域上下游、左右岸、各行业综合需求，促进流域区域水利协调发展。尊重历史、立足现状，遵循已有的分水协议，继续发挥已有协调机制作用，公平、公正地进行水资源配置，兼顾各方水资源权益，合理开发、高效利用水土资源。

1.2.1.3 规划范围、水平年及目标

1. 规划范围

规划范围为绰尔河流域，面积为17736km^2，行政区划涉及内蒙古自治区的牙克石市、扎兰屯市、阿尔山市、科尔沁右翼前旗、扎赉特旗和黑龙江省的龙江县、泰来县。

2. 规划水平年

现状年为2017年，规划水平年为2030年。

3. 规划目标

(1) 防洪减灾。形成比较完整的防洪减灾体系，扎赉特旗政府所在地音德尔镇达到规划的50年一遇防洪标准，绰尔河牙克石市及扎兰屯市河段一般为10年一遇防洪标准，绰源镇、柴河镇镇政府所在地河段及卧牛湖、"山水岩壁画"景观区均为20年一遇；扎赉特旗绰勒水库以上河段为20年一遇，绰勒水库以下河段为50年一遇防洪标准。完成干流重点河段的防护，完成主要山洪灾害易发区山洪沟治理工程，全面完成防汛调度和指挥系统、灾害预警系统及水文基础设施的建设。

(2) 水资源节约与合理利用。流域万元国内生产总值用水量进一步降低，万元工业增加值用水量降至26m^3，农田灌溉水有效利用系数提高到0.66；2030年本流域用水总量控制在6.33亿m^3以内；建成水资源合理配置和高效利用体系，城乡供水保证率显著提高，农村饮水安全得到全面保障，地下水超采现象得到有效遏制。

(3) 水资源及水生态环境保护。完善水资源保护体系，重要江河湖泊水功能区水质达标率95%以上；加强重点生态保护与水源涵养保障区生态环境保护、水源涵养和水土流失防治，强化水生态修复和水污染防治，维护流域良好的水生态环境；流域内水土流失问题得到基本解决。

(4) 流域综合管理。完善流域管理与区域管理相结合的体制和机制，建立各方参与、民主协调、科学决策、分工负责的流域议事决策和高效执行机制，加强流域管理能力建设，提高水行政执法、监督监测和信息发布能力。

1.2.2 主要控制指标

针对流域治理开发与保护的任务，考虑维护河流健康的要求，本规划确定用水总量、控制断面最小生态流量、用水效率指标、重要断面水质管理目标等为主要控制指标。

1.2.2.1 用水总量指标

《绰尔河流域水量分配方案》已获水利部批复，共分配地表水量为

10.89 亿 m^3，本次将流域水量分配方案作为地表水用水量的上限，同时，规划 2030 水平年地下水配置量为 1.28 亿 m^3。本流域 2030 年多年平均用水总量不超过 6.33 亿 m^3，外调水量不超过 4.74 亿 m^3。本流域 2030 年多年平均分省（自治区）用水总量及外调水量指标见表 1.2-1。

表 1.2-1　2030 年多年平均分省（自治区）用水总量及外调水量指标表　单位：亿 m^3

省（自治区）	用水总量指标	其　中	
		2030 年本流域用水	2030 年调出水量
内蒙古	10.63	4.98	4.54
黑龙江	1.55	1.35	0.20
小计	12.18	6.33	4.74

注　内蒙古自治区调出水量采用《引绰济辽工程可行性研究报告》批复成果，与《绰尔河流域水量分配方案》成果相比减少 1.11 亿 m^3。

1.2.2.2　最小生态流量指标

根据敏感目标及其生态需水要求，选择文得根坝下、绰勒坝下、两家子水文站、绰尔河河口为控制断面。绰尔河流域控制断面最小生态流量指标见表 1.2-2。断面生态流量根据有关生态流量的标准和有关研究成果，适时优化调整。

表 1.2-2　绰尔河流域控制断面最小生态流量指标表　单位：m^3/s

月份	文得根坝下	绰勒坝下	两家子	绰尔河河口
1	5.20	5.20	5.20	5.20
2	5.20	5.20	5.20	5.20
3	5.20	5.20	5.20	5.20
4	14.27	15.46	15.78	15.78
5	17.44	18.89	19.28	19.28
6	19.32	20.93	21.36	21.36
7	22.65	24.54	25.05	25.05
8	21.13	22.89	23.36	23.36
9	17.68	19.15	19.55	19.55

续表

月份	文得根坝下	绰勒坝下	两家子	绰尔河河口
10	5.80	6.28	6.41	6.41
11	5.80	6.28	6.41	6.41
12	5.20	5.20	5.20	5.20

注 当枯水期的天然流量小于上述控制流量时，按天然流量下泄，但不得小于 1.28m^3/s。

1.2.2.3 用水效率指标

(1) 农业。通过灌区节水改造等措施，提高水资源的利用效率和效益，2030年流域农田灌溉水有效利用系数不低于0.66。

(2) 工业。2030年流域一般万元工业增加值净用水量不高于26m^3。

1.2.2.4 重要断面水质控制要求

2030年流域内重要江河湖泊水功能区达标率95%以上，其中，流域重要断面规划水平年水质管理目标见表1.2-3。规划期内，若水功能区、控制断面及其目标发生调整，相关指标按照新要求执行。

表1.2-3 流域重要断面规划水平年水质管理目标表

河流名称	断面名称	所在水功能区	断面功能	水质管理目标
绰尔河	文得根坝下	绰尔河扎赉特旗开发利用区1	控制引绰济辽工程取水口水质	Ⅲ类
	两家子	绰尔河黑蒙缓冲区	控制绰尔河内蒙古出自治区水质	Ⅲ类
	乌塔其农场	绰尔河扎赉特旗缓冲区	控制绰尔河汇入嫩江干流前水质	Ⅲ类

1.2.3 规划总体布局

根据规划指导思想、原则以及治理的目标与任务，按照绰尔河流域特点和实际情况，对防洪减灾、供水与灌溉、水资源与水生态环境保护规划进行总体布局。

1.2.3.1 分区布局

1. 文得根水库以上

本区域属上游山岳地区，为林区段，暴雨多发区，以水源涵养和生态维护为主，注重防治山洪灾害及水土流失，对人口较为集中的林业镇所在地进行必要的防洪保护。文得根水库以上来水量占整个流域的88%，为了增加流域水资源的调控能力，在上游兴建文得根水利枢纽，以拦洪蓄水、调节径流，满足下游的工农业用水要求，并承担嫩江流域防洪错峰任务。

2. 文得根水库至绰勒水库

本区域属流域中游丘陵地区，河谷开阔，为半农半牧区，农牧业开发较早，广种薄收现象十分严重，近年来水土流失较严重，并且随着生产建设活动的增多，部分地区水土流失有加剧的趋势。本区水土保持主导功能为土壤保持，应注重保护耕地和黑土资源、改善流域生态环境，宜建立水土流失综合防治体系，对坡耕地和侵蚀沟进行综合治理，因地制宜地进行自然与人工修复。本区经济主要以旱作农业为主，可适量发展高效节水灌溉，增加粮食产量，同时加强防洪工程的达标建设。

3. 绰勒水库以下

流域绰勒水库以下为平原地区，地势平坦，土地肥沃，为流域主要产粮区，耕地以水田为主，存在微度的土壤侵蚀。由于水资源不能得到有效利用，灌溉效益低，应通过文得根水库和绰勒水库的合理调度，保障城乡供水和农村饮水安全。结合堤防工程达标建设和新建，以及河道整治及防洪非工程措施等，对下游区域进行重点保护。本区的水土保持工作应该以农田防护为主，发展农田节水灌溉、建设高标准基本农田，加快万亩以上灌区的续建配套与节水改造。环境保护方面应严格执行水质管理目标，加快城镇污水处理措施建设、农田退水处理工程建设，加强农牧业面源污染管理，保障河湖基本生态水量，维持水质持续稳定良好。

1.2.3.2 重要水库及引调水工程

本流域的重要水工程主要有两处：一处为现有的绰勒水库；另一处

为在建的文得根水库。

绰勒水库位于绰尔河流域中游，以灌溉为主，结合防洪、发电等综合利用的大型水利枢纽工程，正常蓄水位230.50m，兴利库容1.54亿m^3，汛限水位229.50m，防洪库容0.31亿m^3，总库容2.60亿m^3，设计灌溉面积28万亩，电站总装机容量10.5MW。绰勒水库具有蓄洪削峰作用，通过防洪调度，可使水库下游主要防洪对象的防洪标准由30年一遇提高到50年一遇。

文得根水库是引绰济辽工程的水源工程，根据国家发展和改革委员会批复的《引绰济辽工程可行性研究报告》，引绰济辽工程是一项从绰尔河引水到西辽河下游通辽市、向沿线城市及工业园区供水的大型引水工程。文得根水利枢纽的主要任务是以调水为主，结合灌溉，兼顾发电等综合利用，水库正常蓄水位377.00m，水库总库容19.64亿m^3，兴利库容15.18亿m^3，死水位351.00m，设计水平年2030年工程多年平均调水量为4.54亿m^3，电站装机容量为36MW。

第2章

流域规划

2.1 防洪减灾

2.1.1 防洪

2.1.1.1 防洪现状

绰尔河流域防洪工程建设始于20世纪50年代。1998年大洪水后，国家及地方加大防洪工程建设投入力度，对干支流重点保护区防洪工程进行了大规模的建设，包括堤防新建及加高培厚、河道整治、局部河道清淤疏浚等，开工建设了绰勒水库，使绰尔河流域整体防洪能力有了显著提高。

1. 堤防

截至2017年，绰尔河流域共建设堤防23处，主要分布在绰尔河干流和支流塔尔气河、十八公里沟、浩饶河上，堤防总长183.866km，其中干流堤防长169.726km，支流堤防长14.14km。

绰勒水库以上堤防现状防洪能力为20年一遇，绰勒水库以下堤防现状防洪能力为20～35年一遇。干流堤防达标长度56.961km，达标率33.56%；支流堤防达标长度13.34km，达标率94.34%，现状穿堤建筑物有22座。流域堤防现状情况统计详见表2.1-1。

表 2.1-1　流域堤防现状情况统计表

所在河流	地级行政区	堤段	堤防长度/km				现状防洪能力（重现期）/a	穿堤建筑物/座
			左岸	右岸	小计	其中达标长度		
十八公里沟	呼伦贝尔市	绰源镇十八公里沟段	1.26	3.32	4.58	3.78	<20	1
绰尔河		绰源镇段		3.95	3.95	3.95	20	
塔尔气河		塔尔气镇塔尔气河段		5.56	5.56	5.56	20	
浩饶河		浩饶山镇浩饶河段		4	4	4	20	
绰尔河	兴安盟	种畜场段		3.3	3.3	3.3	20	
		巴彦乌兰达拉吐段		4.17	4.17	4.17	20	
		巴彦乌兰额尔吐段		3.5	3.5	3.5	20	
		丰屯段		5.5	5.5	3.5	<20	1
		胡尔勒沙日格台段		1.75	1.75	1.75	20	
		胡尔勒小红光段		1.65	1.65	0.012	<20	
		巴达尔胡苏木门前段	2.72		2.72	0	<20	2
		巴达尔胡乌兰套海段	7.5		7.5	7.5	20	
		阿拉达尔吐苏木门前段	1.6		1.6	1.6	20	1

续表

所在河流	地级行政区	堤段	堤防长度/km				现状防洪能力（重现期）/a	穿堤建筑物/座
			左岸	右岸	小计	其中达标长度		
绰尔河	兴安盟	阿拉达尔吐巴雅段		2.7	2.7	1.243	<20	
		阿拉坦花段（花园屯段）		2.4	2.4	0.586	<20	
		绰勒段		15.2	15.2	15.2	30	1
		扎泰联防段		25.85	25.85		20	1
		嫩江界防洪堤保安沼段		15.67	15.67		20	1
		都尔本新段	4.65		4.65	4.65	30	
		绰尔河边界都尔本新段	6		6	6	35	
		半拉山杨古岱村段		30.8	30.8		20	8
	齐齐哈尔市	东华（一）	6.17		6.17		20	1
		东华（二）	24.646		24.646		20	5
合计			54.546	129.32	183.866	70.301		22
其中		内蒙古	23.73	129.32	153.05	70.301		16
		黑龙江	30.816		30.816			6
		支流	1.26	12.88	14.14	13.34		1
		干流	53.286	116.44	169.726	56.961		21

2. 水库

绰勒水库于2006年建成，总库容2.60亿m^3，防洪库容0.31亿m^3，将下游农田和音德尔镇的防洪标准由30年一遇提高到50年一遇。

3. 河道险工

绰尔河流域现状河道险工共7处，长度8.486km，目前未得到治理。

2.1.1.2 防洪总体规划

1. 防洪标准

绰尔河是嫩江右岸的一级支流，为了控制松花江流域防洪的系统风险，绰尔河流域的防洪标准不宜过高，根据《松花江流域防洪规划》和《松花江流域综合规划（2012—2030年）》，绰尔河防洪标准为10～30年一遇。绰勒水库于2006年建成，承担水库下游防洪保护区防洪标准从30年一遇提高到50年一遇的任务。

根据绰尔河流域独立防洪保护区的重要程度，现状及规划水平年社会经济指标，确定流域内各防洪保护区防洪标准为10～50年一遇，具体如下：

（1）干流河段：绰尔河牙克石市及扎兰屯市河段一般为10年一遇，绰源镇、柴河镇镇政府所在地河段及卧牛湖、“山水岩壁画”景观区均为20年一遇；扎赉特旗绰勒水库以上河段为20年一遇，绰勒水库以下河段为50年一遇。

（2）重点城镇：音德尔镇为扎赉特旗政府所在地，防洪标准为50年一遇。

（3）主要支流：防洪标准一般为10年一遇，塔尔气镇、浩饶山镇政府所在地河段为20年一遇。

防洪保护区经济指标及规划防洪标准见表2.1-2。

2. 防洪总体布局

（1）原防洪体系。《松花江流域防洪规划》《松花江流域综合规划（2012—2030年）》确定绰尔河流域的防洪体系均是文得根水库与下游堤防结合的防洪工程体系。文得根水库建成后，可使下游两岸农田和音德尔镇的防洪标准从20年一遇提高到50年一遇，文得根水库防洪库容为2.07亿m^3。

表 2.1-2　防洪保护区经济指标及规划防洪标准表

河流	县级行政区	保护区	规划堤防	规划堤长/km		人口/万人	保护区面积/万亩	耕地/万亩	防洪标准（重现期）/a	备注
				左岸	右岸					
十八公里沟	牙克石市	绰源镇	十八公里沟段	1.86	3.32	1.04	1.57	0.08	20	绰源镇政府所在地
绰尔河			绰源镇段		3.95				20	
苏格河			苏格河段	1.70		0.12	1.13	0.35	10	
绰尔河			苏格河居委会段		0.674				10	
			狼峰经管会段		1.14	0.14	0.34	0.23	10	
塔尔气河		塔尔气镇	塔尔气镇段		8.69	0.91	1.92	0.29	20	塔尔气镇政府所在地
绰尔河	扎兰屯市	柴河镇	柴河镇卧牛湖段	4.12		1.65	2.12	1.64	20	卧牛湖景观区
			柴河镇卧牛湖出口段	0.118					20	
			柴河镇月牙湾段	0.96					20	柴河镇政府所在地
			绰尔农场良种站段	0.48		0.03	0.60	0.48	20	“山水岩壁画”景观
韭菜沟		浩饶山镇	绰尔村韭菜沟段		0.815	0.08	0.86	0.62	10	
绰尔河			绰尔村绰尔河干流段		1.30				10	
			平台村段		0.57	0.06	0.94	0.48	10	
浩饶河			浩饶山镇浩饶河段		4.80	0.42	2.07	1.71	20	浩饶山镇政府所在地

续表

河流	县级行政区	保护区	规划堤防	规划堤长/km		人口/万人	保护区面积/万亩	耕地/万亩	防洪标准（重现期）/a	备注
				左岸	右岸					
绰尔河	扎赉特旗	巴彦乌兰苏木	巴彦乌兰达拉吐段		4.17	2.14	154.89	53.64	20	
			巴彦乌兰额尔吐段		3.50					
		种畜场	种畜场段		3.30					
		胡尔勒镇	阿拉达尔图苏木门前段	1.60		0.04	90.39	38.65	20	
			阿拉达尔图巴雅段		2.743					
			丰屯段		5.5	0.14	68.88	20.93	20	
			胡尔勒沙日格台段		1.75					
			小红光村—西胡尔勒嘎查段		4.505	0.06	84.40	21.98	20	
		巴达尔胡镇	巴达尔胡苏木门前段	2.72		0.30	34.10	16.56	20	巴达尔胡镇政府所在地
			巴达尔胡镇乌兰套海段	7.5						
			阿拉坦花段（花园屯段）		2.436	0.12	26.28	16.23	20	

续表

河流	县级行政区	保护区	规划堤防	规划堤长/km		人口/万人	保护区面积/万亩	耕地/万亩	防洪标准（重现期）/a	备注
				左岸	右岸					
绰尔河	扎赉特旗	音德尔镇	绰勒段		15.20	0.60	84.04	37.65	50	
		嫩江右岸保护区	扎泰联防段		25.85	38.82	334.72	288.12	50	同一保护区
			保安沼段		15.67				50	
			半拉山杨古岱村段堤防		30.80				50	
		好力保乡、东华乡	都尔本新段	4.65		2.00	114.61	103.72	50	同一保护区
			绰尔河边界都尔本新段	6					50	
	龙江县		东华（一）	6.17					50	
			东华（二）	24.646					50	
合计				62.524	140.683	48.67	1003.86	603.36		

（2）现状防洪情况。绰尔河下游农田堤防已按 20 年一遇标准，音德尔镇堤防已按 30 年一遇标准建成。绰尔河干流于 2006 年建成绰勒水库，防洪库容 0.31 亿 m^3，可将下游音德尔镇及农田的防洪标准由 30 年一遇提高到 50 年一遇标准。

1998 年洪水后，国家加大了绰勒水库以下区间防洪工程建设的力度，截至 2017 年，绰尔河下游右岸音德尔镇绰勒堤防已按 30 年一遇标准建设，扎泰联防段、嫩江界防洪堤保安沼段、半拉山杨古岱村段堤防已按 20 年一遇标准建设；左岸都尔本新堤防已按 30 年一遇标准建设、绰尔河边界都尔本新段已按 35 年一遇标准建设，左岸东华堤防已按 20 年一遇标准建设。

绰勒水库建成后，右岸扎泰联防段、嫩江界防洪堤保安沼段、半拉山杨古岱村段堤防共 72.32km，左岸东华段堤防共 30.816km，防洪能力尚存缺口，未达到 30 年一遇防洪标准。

（3）绰尔河下游防洪能力缺口解决方案。鉴于绰勒水库和下游绰勒段堤防、嫩江界防洪堤保安沼段、半拉山杨古岱村段、东华段堤防已经相继建成，防洪标准只有 20 年一遇，防洪保护区防洪能力尚存缺口。经过比选论证选择的解决方案是：对绰勒下游右岸 72.32km 堤防和左岸 30.816km 堤防按 30 年一遇洪水标准进行加固，结合绰勒水库的防洪作用，可使下游防洪标准达到 50 年一遇。因此，绰尔河下游防洪体系由绰勒水库与加固后的堤防共同组成，文得根水库不再承担防洪任务。

（4）防洪总体规划。文得根水库具有多年调节性能（库容系数达 0.87），从长系列调节成果看，蓄满率仅为 58%，有 91%的年份水库 6 月底库水位低于正常蓄水位 1.00m 以上，当嫩江干流发生洪水时，文得根水库结合洪水预报，在汛前制定洪水调度方案，可为嫩江干流防洪发挥作用。

综上所述，考虑绰勒水库防洪作用后，文得根水库工程任务在流域综合规划的基础上做出适当调整是合适的。防洪体系调整后满足防洪规划的总体要求。

3. 防洪工程规划

（1）堤防。绰尔河流域规划堤防工程共有 33 处，其中绰尔河干流 26 处，支流 7 处。规划堤防总长 203.207km，其中干流堤防长 177.784km，支流堤防长 25.423km。

规划防洪工程的保护对象主要是乡镇和村庄，各河段现有堤线基本合理，本次规划以现有堤线为基础，对存在防洪缺口的河段进行新堤建设，新建堤段原则上沿保护范围边界布置，尽量不挤占河道；对已建堤防进行达标建设和加固处理，对于达到规划防洪标准的，仅对有问题的边坡和堤顶路面进行修补。防洪工程建设的主要内容是整修加固堤防11处共113.565km，新建堤防16处共19.341km，并完善相应河段护坡、防浪林带等建设内容。规划堤防工程情况表2.1-3。

(2) 河道险工治理。截至2017年年底，绰尔河流域现状险工7处，长度8.486km，均未得到治理。规划主要对河道的弯道凹岸、深泓紧贴河岸段，以及岸坡遭淘刷易造成严重塌岸危及堤防安全又无法退堤河段，采取坡式护岸及坝式护岸等工程措施进行整治。本次规划整治工程7处，治理长度8.486km，河道险工治理规划详见表2.1-4。

4. 防洪非工程措施

主要包括防洪区管理、流域洪水调度方案与工程管理、防汛抗旱信息采集系统、超标准洪水应急措施等4个方面的内容。

(1) 防洪区管理。包括社会管理和洪灾风险管理。社会管理主要是对防洪区内的单位和居民加强防洪教育，普及防洪知识，提高水患意识，依照《中华人民共和国防洪法》的相关规定，规范防洪区各类经济社会活动。风险管理主要是加强防洪区风险评价分析，建立洪水风险预警预报系统；建立完善洪水风险分担、转移的社会化保障机制，逐步实施洪水保险制度。

(2) 流域洪水调度方案与工程管理。流域现状绰勒水库具有防洪作用，在建的文得根水库将来应结合洪水预报，加强与堤防工程的联合运用，在汛前制订洪水调度方案，为本流域和嫩江干流防洪发挥作用。

(3) 防汛抗旱信息采集系统。建成覆盖流域重点防洪地区且高效可靠、先进实用的防汛抗旱信息采集系统，为各级防汛抗旱部门提供准确、及时的防汛信息，并为洪水预报、洪水调度及抗洪抢险决策提供科学依据。

(4) 超标准洪水应急措施。制订超标准洪水预案，主要内容包括洪水调度方案、防洪工程抢险方案、重要设施设备的避险方案，人员撤离的组织、路线、安置方案以及各方案启用的条件。

表 2.1-3　规划堤防工程情况表

所在河流		县级行政区	乡镇	规划堤防	堤防工程/km			
干流	支流				现状	新建	加培	合计
	十八公里沟	牙克石市	绰源镇	绰源镇十八公里沟段	4.58	0.6	0.8	5.18
绰尔河				绰源镇段	3.95			3.95
				狼峰经管会段		1.14		1.14
				苏格河居委会段		0.674		0.674
	苏格河			苏格河段		1.7		1.7
	塔尔气河		塔尔气镇	塔尔气镇塔尔气河段	5.56	3.13		8.69
	卧牛湖	扎兰屯市	柴河镇	柴河镇卧牛湖段		4.12		4.12
				柴河镇卧牛湖出口段		0.118		0.118
				柴河镇月牙湾段		0.96		0.96
绰尔河				绰尔农场良种站段		0.48		0.48
			浩饶山镇	绰尔村绰尔河干流段		1.3		1.3
	韭菜沟			绰尔村韭菜沟段		0.815		0.815
绰尔河				西平台村段		0.57		0.57
	浩饶河			浩饶山镇浩饶河段	4	0.8		4.8
绰尔河		扎赉特旗	巴彦乌兰	巴彦乌兰达拉吐段	4.17			4.17
			苏木	巴彦乌兰额尔吐段	3.5			3.5
			种畜场	种畜场段	3.3			3.3

续表

所在河流		县级行政区	乡镇	规划堤防	堤防工程/km			
干流	支流				现状	新建	加培	合计
绰尔河		扎赉特旗	阿拉达尔图苏木	阿拉达尔图苏木门前段	1.6			1.6
				阿拉达尔图巴雅段	2.7	0.043	1.457	2.743
			胡尔勒镇	丰屯段	5.5		2	5.5
				胡尔勒沙日格台段	1.75			1.75
				小红光村—西胡尔勒嘎查段	1.65	2.855	1.638	4.505
			巴达尔胡镇	巴达尔胡苏木门前段	2.72		2.72	2.72
				巴达尔胡镇乌兰套海段	7.5			7.5
				阿拉坦花段（花园屯段）	2.4	0.036	1.814	2.436
			音德尔镇	绰勒段	15.2			15.2
			音德尔镇、好力保乡	扎泰联防段	25.85		25.85	25.85
			好力保乡	保安沼段	15.67		15.67	15.67
				半拉山杨古岱村段	30.8		30.8	30.8
				都尔本新段	4.65			4.65
				绰尔河边界都尔本新段	6			6
		龙江县	东华乡	东华（一）	6.17		6.17	6.17
				东华（二）	24.646		6.17	24.646
合　计					183.866	19.341	113.565	203.207
其　中		内蒙古			153.05	19.341	82.749	172.391
		黑龙江			30.816		30.816	30.816
		支流			14.14	11.283	0.8	25.423
		干流			169.726	8.058	112.765	177.784

表 2.1-4　　河道险工治理规划表

所在行政区	险工个数/处	规划治理长度/km
牙克石市绰源镇	1	0.316
牙克石市狼峰经管会	1	0.70
扎兰屯市柴河镇	1	2.67
保安沼段	4	4.80
合　计	7	8.486

2.1.2　山洪灾害防治

2.1.2.1　概况

1. 山洪灾害分布

文得根水库以下为低山丘陵区，地形起伏破碎，并且沿河两岸河谷发育，山洪灾害频发，给山区人民的生命财产安全带来了严重的威胁。高强度暴雨、复杂的地质构造、水土流失严重是绰尔河流域山洪致灾的主要原因。流域内山洪灾害类型以溪河洪水为主，山洪成因的主要类型是暴雨山洪，一旦上游发生暴雨，会给下游造成严重的灾害损失。据统计，流域内构成危害的山洪沟共有 16 条，全部分布在内蒙古自治区境内。

2. 防治现状

山洪灾害防治是防洪减灾的重要组成部分。绰尔河流域防御山洪灾害的能力相对薄弱。据统计，绰尔河流域山洪灾害防治区内仅有塔尔气、文得根及两家子 3 座水文站以及柴河、沙巴尔吐、阿拉坦花、保安沼等 4 座雨量站，站点密度、自动化程度均较低，远不能满足山洪预警预报需要。分布于山洪沟前的城镇、村庄、铁路、公路、耕地、林地等基本处于无设防状态。

2.1.2.2　规划防治措施

山洪灾害防治以非工程措施为主、非工程措施与工程措施相结合。规划治理山洪沟基本情况及工程措施见表 2.1-5。

1. 规划工程措施

（1）堤防。保护对象主要是乡镇、村屯等人口集中区域，或有铁路、

表 2.1-5　规划治理山洪沟基本情况及工程措施表

序号	山洪沟名称	流域面积/km^2	沟长/km	所在位置		治理措施
				县	镇（乡）	
1	十八公里沟	28	13	牙克石市	绰河源	堤防、护岸
2	狼峰山洪沟	76.4	18			堤防、护岸
3	南山小流域	4	3.5		塔尔气	堤防、护岸
4	韭菜沟	124	178	扎兰屯市	浩饶山	堤防
5	浩饶河	109	187			堤防
6	靠山沟	95	168		卧牛河	护岸
7	柴河镇东沟	123	164		柴河	护岸
8	丰产沟	71.5	15.9	扎赉特旗	巴彦扎拉嘎	堤防、护岸
9	德尔登沟	72	7.8		巴达尔胡	堤防
10	三合屯沟	50	8			堤防
11	乌兰昭沟	54	14.8			堤防
12	乌兰拉布沟	32	6.5		阿拉达尔图	堤防
13	查干扎拉嘎沟	25	9.1		巴彦乌兰	堤防
14	巴彦花沟	33	5.4		胡尔勒	堤防
15	芒和沟	90	15.2			堤防
16	阿尔山东沟	3.29	2.1	阿尔山市	阿尔山	堤防、护岸
合　计		990.19	816.3			

公路及其他重要设施的区域及大片农田等。

（2）护岸。对山洪沟临近居民点易坍塌的岸滩，或直接威胁堤防和两岸安全的沟段，应采取护岸措施，防止岸滩侵蚀坍塌，稳定沟道，保护堤防和居民的安全。

2. 非工程措施

非工程措施包括监测系统、通信系统、预警预报系统建设等。山洪灾害监测站网主要以气象、水文、地质监测站为主，提高对灾害性天气的监测、预警和预报，全面系统监测山洪灾害防治区域的雨情、水情、泥石流、滑坡等。通信系统主要是利用现有的防汛无线系统、公用网有线和无线系统、有线和无线电台广播系统、公用网有线电话系统，为防汛指挥调度指令的下达、灾情信息的上传、灾情会商、山洪警报传输和信息反馈提供通信保障。根据流域情况，规划布设雨量站、自动站和简易站等。

建立健全监测、通信及预警预报系统，建立健全各级防灾、救灾组织，制定切实可行的防灾预案，对于人口密集、山洪灾害频繁、防治难度很大的区域主要采取搬迁避让措施，通过开展预防监测工作，提前预报，及时撤离危险地区。此外，要广泛深入地开展宣传教育，提高人民群众对山洪灾害的认识，普及防御山洪灾害的基本知识，完善和细化政策法规，有效地控制山洪灾害造成的损失。

2.2 水资源供需分析与配置

2.2.1 水资源计算分区与水资源状况

2.2.1.1 水资源计算分区

绰尔河流域从上到下以文得根水库、绰勒水库、两家子水文站及绰尔河河口为控制节点，将流域划分为 6 个水资源计算分区。水资源分区面积以水资源分区套地级行政区面积进行核定。本区计算面积为 17736km^2。

2.2.1.2 地表水资源数量及质量

1. 水文测站及资料情况

绰尔河流域内现有 3 个水文站，均位于绰尔河干流，自上而下依次为塔尔气站、文得根站、两家子站。3 个水文站具有从建站至今的水位、流量实测资料，并且由内蒙古自治区水文总局按照水文测验和水文资料整编等规程规范进行测验和整编。

2. 代表性分析

两家子水文站天然径流资料系列长度为 1956—2013 年。绘制两家子水文站 1956—2013 年天然径流量模比差积曲线过程，同时统计两家子站不同时段天然年径流系列参数，分析径流系列代表性，见表 2.2-1。

表 2.2-1　　两家子站各段径流系列参数比较表

系　列	长度/a	W/亿 m³	K_i	C_v
1956—1979 年	24	20.7	1.03	0.53
1971—2000 年	30	20.9	1.04	0.68
1980—2000 年	21	24.1	1.20	0.65
1956—2000 年	45	22.3	1.11	0.60
1956—2010 年	55	20.0	1.00	0.66
1956—2013 年	58	20.1	1.00	0.65

从图 2.2-1 可以看出，两家子水文站 1956—2010 年径流差积曲线上升与下降交替出现，即丰、枯水年交替出现，丰、枯水基本平衡，呈现较完整的丰、平、枯水周期，说明该站 1956—2010 年 55 年径流系列丰、平、枯水年周期代表性良好。

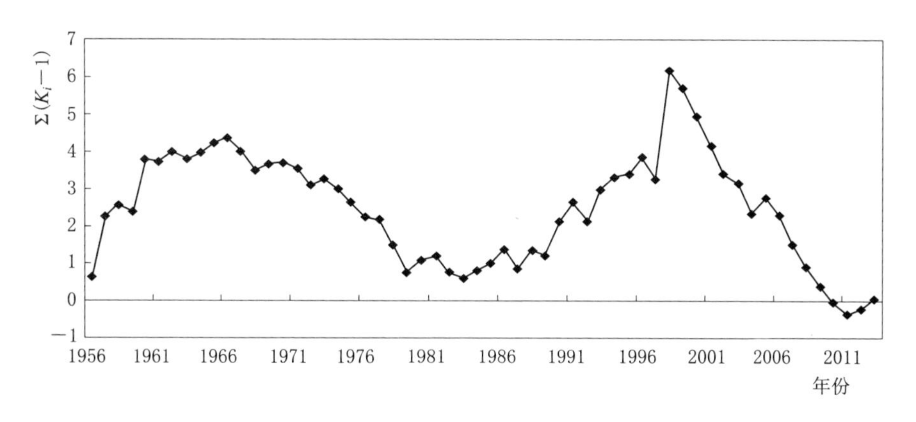

图 2.2-1　两家子水文站 1956—2010 年径流差积曲线图

由表 2.2-1 可知，1956—1979 年、1971—2000 年、1956—2000 年、1956—2010 年系列的径流量均值与 1956—2013 年系列的较接近，其中 1956—2010 年系列与 1956—2013 年系列均值基本相等，1956—1979 年、1971—2000 年系列与 1956—2013 年系列的径流量均值相差 5%左右，1956—2000 年系列相差 10%左右。从径流参数方面分析，1956—2010 年径流系列最具有代表性。2014 年至今，绰尔河流域没有特丰、特枯水年发生，1956—2017 年多年平均径流量与 1956—2010 年多年平均径流量相差在 1%以内，因此认为 1956—2010 年径流系列具有代表性。

3. 代表站设计年径流

对干流的塔尔气、文得根、两家子 3 个水文站多年平均年径流量 1956—2010 年系列进行设计径流计算，采用 P－Ⅲ型频率曲线适线法推求各水文站不同频率的设计年径流量，计算成果见表 2.2－2。

表 2.2－2　1956—2010 年绰尔河主要水文站年径流成果表

站名	集水面积 /km²	多年平均年径流量 /亿 m³	C_v	C_s/C_v	设计值/亿 m³		
					P=20%	P=50%	P=75%
塔尔气站	1906	3.1	0.56	2.0	4.38	2.78	1.82
文得根站	12447	18.3	0.66	2.0	26.9	15.7	9.40
两家子站	15544	20.0	0.70	2.0	30.0	16.9	9.76

4. 地表水资源量

绰尔河流域 1956—2010 年多年平均地表水资源量为 20.80 亿 m³。其中文得根水库坝址以上分区水资源量最大，为 18.26 亿 m³；文得根水库至绰勒水库区间为 1.59 亿 m³，绰勒水库至绰尔河河口区间为 0.95 亿 m³。绰尔河流域多年平均地表水资源量见表 2.2－3。

5. 成果合理性分析

主要从以下两个方面对绰尔河流域地表水资源量的计算成果进行合理性分析：①从计算成果与引绰济辽工程可行性研究阶段采用系列一致性方面，分析其合理性；②在流域水文规律方面，从本流域上下游和邻近流域对绰尔河流域地表水资源量的合理性进行分析。

（1）与引绰济辽工程可行性研究阶段采用系列的一致性。引绰济辽工程为嫩江流域跨流域调水工程，本次绰尔河流域综合规划地表水资源量计算成果（资料系列采用 1956—2010 年）与引绰济辽工程可行性研究阶段中采用的径流系列一致，成果一致。

（2）与流域水文规律的符合性。表 2.2－4 计算了绰尔河流域各控制断面多年平均径流深。根据流域水文规律，从流域上游至下游径流量逐渐增大，径流深逐渐减小，计算结果与上述规律吻合。统计邻近流域雅鲁河、洮儿河、嫩江干流代表站 1956—2010 年天然径流量和径流深，可以看出，嫩江流域右岸支流和嫩江干流径流深由上游至下游径流深有逐渐减小的规律，本次计算的绰尔河流域地表水资源量成果与上述规律一

表 2.2-3 绰尔河多年平均地表水资源量成果表

水资源计算分区	行政分区	集水面积/km²	计算系列/年	多年平均地表水资源量/亿 m³	C_v	C_s/C_v	不同频率年径流量/亿 m³			
							$P=20\%$	$P=50\%$	$P=75\%$	$P=95\%$
文得根水库以上	呼伦贝尔市	9055	1956—2010	13.28	0.66	2	19.6	11.4	6.84	2.78
	兴安盟	3371		4.98	0.66	2	7.33	4.27	2.56	1.04
文得根水库至绰勒水库	兴安盟	2696		1.59	1.25	2	2.62	0.874	0.256	0.0191
绰勒水库至两家子	兴安盟	422		0.16	1.15	2	0.270	0.100	0.034	0.0038
两家子至绰尔河河口	兴安盟	1370		0.42	1.25	2	0.690	0.230	0.0674	0.0050
	齐齐哈尔市	822		0.37	0.91	2	0.587	0.353	0.127	0.0289
合　计		17736		20.80	0.71	2	31.2	17.4	9.94	3.66

表 2.2-4 绰尔河流域及邻近流域径流深计算表（1956—2010 年）

流　域	水文站	面积/km²	地表水资源量/亿 m³	多年平均径流深/mm	流　域	水文站	面积/km²	地表水资源量/亿 m³	多年平均径流深/mm
文得根以上流域		12426	18.3	147	洮儿河流域	洮南	27200	14.8	55
两家子以上流域		15544	20.0	129	嫩江流域	江桥	162569	213	131
绰尔河流域		17736	20.8	117	嫩江流域	大赉	221715	221	100
雅鲁河流域	碾子山	13567	17.7	130					

致，符合嫩江流域径流分布规律。

6. 地表水资源质量

绰尔河流域地表水资源质量良好，现状 10 个水功能区均能满足Ⅲ类水质要求；按水功能区达标情况进行评价，7 个水功能区达标，达标率为 70%，不达标的 3 个水功能区为绰尔河、莫柯河、托欣河源头水保护区，水功能区水质目标为Ⅱ类，现状受化学需氧量本底值超标影响而不能达到Ⅱ类标准。未划分水功能区的主要支流塔尔气河、固里河、哈布气河、特默河等河流现状水质良好，均能满足Ⅲ类水质要求。

2.2.1.3 地下水资源量

地下水资源量评价范围是浅层地下水，重点是溶解性固体总量 $M \leqslant 2g/L$ 的浅层地下水，评价期为 1980—2000 年。评价区地下水资源量计算总面积为 17736km^2，其中山丘区计算面积为 16272km^2，平原区（$M \leqslant 2g/L$）计算面积为 1464km^2。

绰尔河流域多年平均地下水资源量为 4.86 亿 m^3，其中山丘区多年平均地下水资源量为 3.62 亿 m^3，平原区多年平均地下水资源量为 1.31 亿 m^3。本区 $M \leqslant 2g/L$ 的浅层地下水可开采量见表 2.2－5。绰尔河流域山丘区局部地区多年平均地下水可开采量为 0.55 亿 m^3；平原区多年平均地下水可开采量为 1.08 亿 m^3；多年平均地下水可开采量为 1.64 亿 m^3。

表 2.2－5 浅层地下水资源（$M \leqslant 2g/L$）可开采量

水资源计算分区	行政分区	多年平均地下水可开采量/万 m^3			占绰尔河流域地下水可开采量的比例/%
		山丘区	平原区	合计	
文得根水库以上	呼伦贝尔市	2727		2727	16.6
	兴安盟	1352		1352	8.3
文得根水库至绰勒水库	兴安盟	1081		1081	6.6
绰勒水库至两家子	兴安盟	128	792	920	5.6
两家子至绰尔河河口	兴安盟	248	5833	6081	37.1
	齐齐哈尔市		4220	4220	25.8
合　计		5536	10845	16381	100.0

本次绰尔河流域综合规划地下水资源量计算成果与松花江流域水资

源综合规划中的相应成果一致。

2.2.1.4 水资源总量

绰尔河流域1956—2010年多年平均水资源总量为22.10亿m^3，其中地表水资源量为20.80亿m^3，地下水资源量为4.86亿m^3，不重复量为1.30亿m^3。水资源总量成果见表2.2-6。

2.2.2 水资源开发利用现状调查与评价

2.2.2.1 水资源开发利用现状分析

1. 供水量

现状年绰尔河流域供水量4.55亿m^3，其中地表水供水量2.53亿m^3，占56%；地下水供水量2.02亿m^3，占44%。现状年供水量见表2.2-7。

2. 用水量

现状年绰尔河流域用水量为4.55亿m^3，其中生活用水、生产用水分别为0.10亿m^3、4.45亿m^3，分别占总用水量的2.3%、97.7%。生产用水中，农业用水、工业用水分别为4.21亿m^3、0.24亿m^3，农业用水占总用水量的92.6%。现状年各业用水量见表2.2-8。

除本流域用水外，现状还有流域外用水，即引水至宏胜水库。宏胜水库位于黑龙江省泰来县境内，嫩江右岸的呼尔达河中游，距离泰来县城东6km处，是一座集防洪、灌溉、除涝、湿地供水、养殖业等多种功能为一体的综合利用中型水库，总库容4419万m^3。现状分东、中、西3条支线，从泰来县的洪家灌区干渠引水，主要引灌区退水和洪水，年均引水量2000万m^3左右，为嫩江区泰来县2.6万亩旱田和8.3万亩湿地补水。

3. 水资源开发利用程度分析

绰尔河流域现状水资源总量开发利用程度为21.5%，其中地表水开发利用程度为13.1%，相对较低；地下水开发利用程度为123.4%，主要是现状流域内黑龙江省齐齐哈尔市地下水可开采量只有0.42亿m^3，而供水量为0.93亿m^3，还有两家子以下兴安盟地下水可开采量为0.61亿m^3，供水量为0.90亿m^3。总体来看，绰尔河流域地表水资源相对丰富，开发利用还有一定潜力，但部分地区地下水超采，应严格限制使用。现状水资源开发利用程度见表2.2-9。

表 2.2-6　　水资源总量（水资源计算分区套地级市）成果表

水资源计算分区	行政分区	计算面积 /km^2			地表水资源量 /万 m^3			山丘区地下水总排泄量 /万 m^3	山丘区河川基流量 /万 m^3	平原区降雨入渗补给量 /万 m^3	平原区降雨入渗补给形成的河道排泄量 /万 m^3	水资源总量 /万 m^3		
		山丘区	平原区	合计	山丘区	平原区	全区					山丘区	平原区	全区
文得根水库以上	呼伦贝尔市	9055	0	9055	132827		132827	17402	16174			134054	0	134054
	兴安盟	3371	0	3371	49756		49756	6641	6021			50376	0	50376
文得根水库至绰勒水库	兴安盟	2696	0	2696	15894		15894	5456	4816			16534	0	16534
绰勒水库至两家子	兴安盟	320	102	422	1650		1650	648	572	785		1726	785	2511
两家子至绰尔河河口	兴安盟	619	751	1370	4184		4184	1253	1106	5783		4331	5783	10114
	齐齐哈尔市	211	611	822	1266	2444	3710	460	454	3785	115	1272	6114	7386
合　计		16272	1464	17736	205577	2444	208021	31859	29142	10353	115	208293	12682	220976

表 2.2-7　　现状年供水量表　　单位：万 m³

水资源计算分区	行政分区	地表水供水量				地下水供水量	总供水量
		蓄水	引水	提水	小计		
文得根水库以上	呼伦贝尔市	0	0	0	0	875	875
	兴安盟	0	0	0	0	322	322
文得根水库至绰勒水库	兴安盟	0	0	0	0	445	445
绰勒水库至两家子	兴安盟	6920	0	0	6920	243	7163
两家子至绰尔河河口	兴安盟	10380	1491	0	11871	8991	20862
	齐齐哈尔市	0	5978	500	6478	9335	15813
绰尔河流域	内蒙古	17300	1491	0	18791	10876	29667
	黑龙江	0	5978	500	6478	9335	15813
	合计	17300	7469	500	25269	20211	45480

表 2.2-8　　现状年各业用水量表　　单位：万 m³

水资源计算分区	行政分区	生活		生产		合计
		城镇	农村	城镇	农村	
文得根水库以上	呼伦贝尔市	144	39	126	566	875
	兴安盟	13	60	116	134	322
文得根水库至绰勒水库	兴安盟	18	132	150	146	445
绰勒水库至两家子	兴安盟	194	68	1305	5501	7067
两家子至绰尔河河口	兴安盟	54	156	600	20148	20958
	齐齐哈尔市	54	104	47	15608	15813
绰尔河流域	内蒙古	422	455	2296	26494	29667
	黑龙江	54	104	47	15608	15813
	合计	476	559	2343	42102	45480

表 2.2-9 现状水资源开发利用程度表

地表水				地下水			水资源总量		
供本流域水量/万 m^3	供外流域水量/万 m^3	水资源量/万 m^3	开发利用程度/%	供水量/万 m^3	可开采量/万 m^3	开发利用程度/%	总供水量/万 m^3	水资源总量/万 m^3	开发利用程度/%
25269	2000	208021	13.1	20211	16382	123.4	47480	220975	21.5

注 地下水开发利用程度=地下水供水量/地下水可开采量；地表水开发利用程度=地表水供水量/地表水资源量。

2.2.2.2 现状用水水平分析

绰尔河流域现状人均用水量为 1647m^3，高于松花江流域现状人均用水量（600m^3）；万元国内生产总值用水量 419m^3，高于松花江流域平均值（133m^3）。原因是本流域人口密度较低、人均耕地多，区内用水主要以农业用水为主，因此流域现状人均用水量和万元国内生产总值用水量均远高于松花江流域及全国平均水平。

（1）农业。绰尔河流域综合亩均毛用水量为 585m^3，高于松花江流域现状综合亩均毛用水量（507m^3），主要是绰尔河流域土层薄、渗漏大，加之田间工程不配套、灌溉粗放所致。农田灌溉水有效利用系数为 0.62。大部分骨干渠系为土渠，没有节水防渗措施，输水损失严重，所以灌溉用水效率仍需要进一步提高。

（2）工业。流域基准年万元工业增加值用水量为 53m^3（净定额为 43 m^3），低于松花江流域万元工业增加值用水量（72m^3）。

（3）生活。城镇居民人均生活用水量为 101L/(人·d) [净定额 86L/(人·d)]，低于松花江流域城镇居民人均生活用水水平 [107.7L/(人·d)]；农村居民人均生活用水量为 76L/(人·d)，高于松花江流域农村居民人均生活用水水平 [59L/(人·d)]。城镇管网漏失率 15%，与先进地区相比仍具有一定的节水潜力。

2.2.2.3 水资源节约

1. 节水措施

（1）农业节水措施。农业节水的总体要求是：优化农业结构和种植结构，运用工程、农艺、生物和管理等综合节水措施，提高水的利用效率。

加大现有灌区节水改造力度，重点搞好灌区水源及渠首工程的改建或加固，加强万亩以上灌区渠道防渗、渠系建筑物维修、更新等措施，提高渠系水利用系数。

加大田间配套节水改造力度，平整土地，合理规划畦田规格，推广水田浅湿灌溉技术，降低水田灌溉净定额。大力推广管道输水、喷灌、微灌、膜下滴灌、膜上灌等高效节水灌溉技术，改进沟畦灌，提高田间水利用系数。

改革灌区管理体制，加强用水定额管理，推广节水灌溉制度，完善灌区计量设施。改革用水管理体制，合理调整农业用水价格，改革农业供水水费计收方式，逐步实行计量收费，增强农民节水意识。

通过采取上述综合节水措施，预计流域2030年农田灌溉水有效利用系数提高到0.66。

（2）工业节水措施。工业节水的总体要求是：严格限制建设高耗水和高污染工业项目，大力推广节水工艺、节水技术和节水设备，通过市场机制和经济手段，调动用水户的节水积极性。

加强建设项目水资源论证和取水许可管理，严格限制建设高耗水和高污染工业项目；严格实行新建、改扩建工业项目“三同时”“四到位”制度，即工业节水措施必须与工业主体工程同时设计、同时施工、同时投入使用，用水计划到位、节水目标到位、节水措施到位、管水制度到位。

制定行业用水定额和节水标准，对用水户进行目标管理和考核，促进生产技术升级、工艺改造、设备更新，逐步淘汰耗水大、技术落后的工艺设备，通过市场机制和经济手段，调动用水户的节水积极性。

大力推广节水工艺、节水技术和节水设备。鼓励节水技术开发和节水设备、器具的研制，加强工业内部循环用水，提高水的重复利用率，降低取水量。

（3）城镇生活节水措施。城镇生活节水的总体要求是：加快供水管网技术改造，全面推行节水型用水器具。

加快供水管网改造，加强管网漏失监测，从源头防止或减少跑冒滴漏，降低管网漏失率。

全面推行节水型用水器具，逐步淘汰耗水量大、漏水严重的老式器具，提高生活用水效率。

加强全民节水教育，增强全民节水意识，利用世界水日、中国水周等积极开展广泛深入的节水宣传活动，增强全社会的水资源忧患意识和节约意识。

2. 规划水平年用水定额

（1）农业灌溉定额。流域基准年水田净定额为 569m^3/亩，2030 年降为 553m^3/亩，水浇地净定额从基准年的 186m^3/亩提高到 2030 年的 195m^3/亩；流域基准年农田灌溉水有效利用系数为 0.62，预计到 2030 年农田灌溉水有效利用系数提高到 0.66。

（2）工业用水定额。流域基准年一般工业净定额为 43m^3/万元，2030 年降为 26m^3/万元；基准年高用水工业净定额为 131m^3/万元，2030 年降为 96m^3/万元，管网漏失率由 18%降为 10%。

（3）生活用水定额。随着流域城乡居民生活水平的提高，城乡居民生活定额预计呈增长态势，2030 年城镇居民生活用水净定额为 110L/(人·d)，比基准年增长 25L/(人·d)；农村居民生活用水毛定额为 85L/(人·d)，比基准年增长 8L/(人·d)。

规划水平年用水定额是指采取节水措施后规划水平年各业可以达到的用水指标。规划水平年各业用水净定额见表 2.2-10。

3. 节水潜力分析

流域目前用水浪费现象还比较严重，现状年农田灌溉用水综合利用系数为 0.62，低于发达国家 0.7～0.8 的水平；万元工业增加值用水量为 53m^3，为发达国家的 2～4 倍；工业用水基本没有实现重复利用，与发达国家 85%的工业用水重复利用水平有很大差距；现状年城镇综合漏失率达 18%，与国内节水水平较高的地区相比仍有一定差距。

规划水平年多年平均情况下节水潜力见表 2.2-11。

2.2.3 水资源配置

2.2.3.1 需水量预测

1. 经济社会发展预测

综合考虑相关地方对中长期经济社会发展形势的分析成果，预计 2030 年流域总人口 32.47 万人，其中城镇人口为 14.30 万人，国内生产总值为 439.64 亿元，人均国内生产总值为 13.54 万元；规划 2030 年流域农田有效灌溉面积为 117.77 万亩，其中水田 42.21 万亩、水浇地 74.22 万亩、菜田 1.34 万亩。

表 2.2-10 规划水平年各业用水净定额

省（自治区）	水平年	生活			工业			农业/（m^3/亩）					
		城镇居民/[L/(人·d)]	管网漏失率/%	农村居民/[L/(人·d)]	高用水/（m^3/万元）	一般工业/（m^3/万元）	管网漏失率/%	水田	水浇地	菜田	灌溉水有效利用系数		
											水田	水浇地	综合
内蒙古	基准年	85	15	76	—	43	18	580	228	—	0.58	0.71	0.61
	2030 年	110	13	85	—	26	10	560	221	167	0.63	0.69	0.66
黑龙江	基准年	88	15	80	131	44	14	539	105	—	0.63	0.63	0.63
	2030 年	110	13	85	96	26	10	535	105	—	0.63	0.8	0.66
绰尔河流域	基准年	85	15	77	131	43	18	569	186	—	0.59	0.69	0.62
	2030 年	110	13	85	96	26	10	553	195	167	0.63	0.71	0.66

表 2.2-11 规划水平年多年平均情况下节水潜力表

单位：万 m^3

水平年	现状节水措施情况下			强化节水措施后			节水量		
	合计	农业	工业、建筑业及第三产业	合计	农业	工业、建筑业及第三产业	合计	农业	工业、建筑业及第三产业
2030 年	71917	64115	7802	62780	57927	4853	9137	6188	2949

2. 需水量预测

(1) 河道外需水量预测。现状2017年，绰尔河流域来水偏枯，农田灌溉亩均灌溉用水量小（达不到需水要求），现状年实际用水量偏少。根据现状经济社会发展水平、合理的用水水平和节水水平，调整农田灌溉行业定额，使基准年用水水平较为合理。依据基准年的用水定额，预测形成本次综合规划需水量成果。预测到2030年流域河道外需水量为6.66亿m^3。2030年用水量比基准年增加1.23亿m^3。河道外各行业多年平均需水量汇总见表2.2-12，规划水平年不同行业需水量见表2.2-13。

表2.2-12　河道外各行业多年平均需水量汇总表　单位：万m^3

水资源计算分区	行政分区	水平年	生活		生产		生态		合计
			城镇	农村	城镇	农村	城镇	农村	
文得根水库以上	呼伦贝尔市	基准年	144	39	126	740	0	0	1049
		2030年	203	34	272	1203	36	0	1748
	兴安盟	基准年	13	60	116	134	0	0	322
		2030年	19	68	306	358	0	0	751
文得根水库至绰勒水库	兴安盟	基准年	18	132	150	146	0	0	445
		2030年	27	149	397	3022	0	0	3594
绰勒水库至两家子	兴安盟	基准年	194	68	1305	7981	0	0	9547
		2030年	282	76	2553	14382	57	0	17351
两家子至绰尔河河口	兴安盟	基准年	54	156	600	29573	0	0	30384
		2030年	84	172	1222	27497	25	0	29000
	齐齐哈尔市	基准年	54	104	47	12379	0	0	12583
		2030年	45	65	102	13924	12	0	14148
绰尔河流域	内蒙古	基准年	422	455	2296	38573	0	0	41746
		2030年	615	499	4750	46462	118	0	52444
	黑龙江	基准年	54	104	47	12379	0	0	12583
		2030年	45	65	102	13924	12	0	14148
	合计	基准年	476	559	2343	50952	0	0	54330
		2030年	660	564	4853	60385	130	0	66591

注　1. 城镇生产=工业+建筑业+第三产业。
2. 农村生产=农田灌溉+林果地+鱼塘+牲畜。

表 2.2-13　**绰尔河流域规划水平年不同行业需水量表**　单位：万 m^3

水资源计算分区	行政分区	水平年	农村生产																
			农田灌溉												林果地	草场	鱼塘	牲畜	
			$P=50\%$				$P=75\%$				多年平均								
			水田	水浇地	菜田	小计	水田	水浇地	菜田	小计	水田	水浇地	菜田	小计				大牲畜	小牲畜
文得根水库以上	呼伦贝尔市	基准年	0	376	0	376	0	482	0	482	0	415	0	415	0	0	0	196	129
		2030年	0	387	0	387	0	406	0	406	0	394	0	394	0	0	0	329	480
	兴安盟	基准年	0	0	0	0	0	0	0	0	0	0	0	0	0	0	0	67	66
		2030年	0	0	0	0	0	0	0	0	0	0	0	0	0	0	0	113	246
文得根水库至绰勒水库	兴安盟	基准年	0	0	0	0	0	0	0	0	0	0	0	0	0	0	0	82	64
		2030年	0	0	206	206	0	0	263	263	0	0	227	227	18	2404	0	137	236
绰勒水库至两家子	兴安盟	基准年	5200	2451	0	7652	5446	2973	0	8419	5290	2641	0	7931	0	0	0	26	24
		2030年	4637	8818	0	13455	4863	10777	0	15640	4719	9530	0	14250	0	0	0	44	89
两家子至绰尔河河口	兴安盟	基准年	23103	5507	0	28609	24174	6765	0	30940	23492	5964	0	29457	0	0	0	61	56
		2030年	20480	5835	0	26315	21466	7250	0	28716	20839	6349	0	27188	0	0	0	102	207
	齐齐哈尔市	基准年	8148	2296	0	10444	9140	2755	0	11895	8509	2463	0	10972	2	0	1205	119	81
		2030年	9400	2296	0	11696	10700	2755	0	13455	9873	2463	0	12336	7	0	1105	186	290
绰尔河流域	内蒙古	基准年	28303	8334	0	36638	29620	10221	0	39841	28782	9020	0	37802	0	0	0	432	339
		2030年	25117	15040	206	40362	26330	18433	263	45025	25558	16273	227	42058	18	2404	0	725	1258
	黑龙江	基准年	8148	2296	0	10444	9140	2755	0	11895	8509	2463	0	10972	2	0	1205	119	81
		2030年	9400	2296	0	11696	10700	2755	0	13455	9873	2463	0	12336	7	0	1105	186	290
	合计	基准年	36451	10631	0	47082	38760	12976	0	51736	37291	11483	0	48774	2	0	1205	551	420
		2030年	34517	17336	206	52059	37030	21188	263	58480	35431	18736	227	54394	24	2404	1105	910	1548

续表

水资源计算分区	行政分区	水平年	生活			城镇生产						生态			总计		
			城镇	农村	小计	工业				建筑业	第三产业	城镇	农村	小计	$P=50\%$	$P=75\%$	多年平均
						高用水	一般	火电	小计								
文得根水库以上	呼伦贝尔市	基准年	144	39	183	0	93	0	93	28	4	0	0	0	1011	1116	1049
		2030年	203	34	237	0	166	0	166	92	14	36	0	36	1741	1761	1748
	兴安盟	基准年	13	60	73	0	42	0	42	15	58	0	0	0	322	322	322
		2030年	19	68	87	0	76	0	76	50	181	0	0	0	751	751	751
文得根水库至绰勒水库	兴安盟	基准年	18	132	150	0	37	0	37	17	96	0	0	0	445	445	445
		2030年	27	149	175	0	43	0	43	57	297	0	0	0	3573	3630	3594
绰勒水库至两家子	兴安盟	基准年	194	68	261	0	1143	0	1143	40	122	0	0	0	9268	10035	9547
		2030年	282	76	359	0	2045	0	2045	130	378	57	0	57	16556	18742	17351
两家子至绰尔河河口	兴安盟	基准年	54	156	210	0	490	0	490	17	93	0	0	0	29536	31866	30384
		2030年	84	172	256	0	876	0	876	56	290	25	0	25	28126	30527	29000
	齐齐哈尔市	基准年	54	104	158	23	18	0	40	1	5	0	0	0	12056	13507	12583
		2030年	45	65	110	26	49	0	75	3	24	12	0	12	13508	15267	14148
绰尔河流域	内蒙古	基准年	422	455	877	0	1805	0	1805	118	374	0	0	0	40582	43785	41746
		2030年	615	499	1114	0	3206	0	3206	385	1159	118	0	118	50748	55411	52444
	黑龙江	基准年	54	104	158	23	18	0	40	1	5	0	0	0	12056	13507	12583
		2030年	45	65	110	26	49	0	75	3	24	12	0	12	13508	15267	14148
	合计	基准年	476	559	1035	23	1822	0	1845	118	379	0	0	0	52637	57292	54330
		2030年	660	564	1224	26	3255	0	3281	389	1183	130	0	130	64256	70678	66591

（2）河道内生态流量。绰尔河流域控制断面最小生态流量指标见表1.2-2。

2.2.3.2 水资源供需分析

1．供需平衡计算原则

（1）计算时段以月为单位，上区水量回归到下区时不错时段。回归系数农村生产取0.2，城镇生产与生活取0.7。

（2）生活和城镇生产、城镇生态设计供水保证率95%，农村生产设计供水保证率75%。当降水频率介于75%～90%时，农村生产需水削减20%，当降水频率大于90%时，农村生产需水削减35%。

（3）按照不超过地下水可开采量控制，地下水供给城镇生活、农村生活、城镇生产和农村生产4个行业；地表水用水户进行单独平衡计算。

（4）针对水资源开发利用程度高的中下游地区，规划中严格控制用水规模，加强工农业节水，在规划水平年2030年用水定额降低的情况下，严格控制新增灌溉面积，核减部分灌溉用水；在水资源配置中，压减两家子以下等地下水超采区开采规模，确保浅层地下水不超采、深层地下水不开采。

（5）文得根水库和绰勒水库实行优化调度，其他中小型水库按照概化后的供水能力进行调节计算。在满足流域内农村生产供水和河道内生态环境用水的条件下，向外流域调水；坚持节水优先的原则，在枯水年和特枯水年，缩减调出水量，实施动态调水。

2．水库调度规则

（1）文得根水库。文得根水库的任务是以调水为主、结合灌溉，兼顾发电。坝址以上流域面积为1.24万km^2，多年平均径流量为18.26亿m^3。水库总库容为19.82亿m^3，死库容为1.29亿m^3，兴利库容为15.84亿m^3。电站装机容量为43MW，保证出力1.71MW，多年平均年发电量为0.78亿kW·h。根据引绰济辽工程可行性研究成果，文得根水库是引绰济辽的水源工程，多年平均调水量为4.54亿m^3。输水线路起点为文得根水库，自北向南穿越洮儿河、霍林河，采用自流方式输水，最终到达西辽河干流通辽市的莫力庙水库。

在满足流域内农村生产供水和河道内生态环境用水的条件下，向外流域调水。当库水位高于死水位时，水库按照下游供水任务供水；当水库水位消落到死水位时，水库按来水量供水。

（2）绰勒水库。绰勒水库是以灌溉为主，结合防洪、发电等综合利用的大型水利工程，电站总装机容量为 10.5MW，年发电量为 0.35 亿 kW·h。水库死库容为 0.23 亿 m^3，兴利库容为 1.54 亿 m^3，防洪库容为 0.31 亿 m^3，总库容为 2.6 亿 m^3。

当水库水位高于死水位时，水库按照下游供水任务供水；当水库水位消落到死水位时，水库按来水量供水。

3. 基准年供需分析

基准年多年平均需水量为 5.43 亿 m^3，其中城镇需水量为 0.28 亿 m^3，农村需水量为 5.15 亿 m^3。经计算，多年平均供水量为 5.16 亿 m^3，其中地表水供水 3.95 亿 m^3，地下水供水 1.21 亿 m^3，能够满足各业供水保证率的要求。在不考虑水质性缺水情况下，多年平均缺水量为 0.28 亿 m^3。基准年河道外多年平均供需分析成果见表 2.2－14。

4. 2030 年供需分析

2030 年实施引绰济辽工程，设计年调水量为 4.88 亿 m^3，多年平均调水量为 4.54 亿 m^3，文得根水库实施调水之后，绰尔河流域 2030 年多年平均供水量为 6.33 亿 m^3，其中，地表水供水量 5.05 亿 m^3，地下水供水量 1.28 亿 m^3，能够满足流域内各业供水保证率要求，多年平均缺水量为 0.33 亿 m^3。2030 年河道外多年平均供需平衡成果见表 2.2－15。

2.2.3.3 水资源配置方案

1. 配置原则

（1）先节水后开源。坚持节水优先，充分挖掘节水潜力，提高水资源利用效率和效益，将来有中水时要优先利用中水；修建水资源调蓄工程。地下水配置遵循浅层地下水不超采、深层地下水不开采的原则。

（2）以水而定，量水而行。国民经济布局和产业结构要充分考虑流域水资源条件。综合考虑经济社会发展和生态环境对水资源的需求，保障河道内最小生态用水，努力实现人与自然的和谐共处。

（3）用水总量控制。流域两省（自治区）地表水配置量按已批复的水量分配方案控制。

表 2.2-14　　基准年河道外多年平均供需分析成果表　　单位：万 m^3

水资源计算分区	行政分区	需水量			供水量			缺水量		
		城镇	农村	小计	地表水	地下水	小计	城镇	农村	小计
文得根水库以上	呼伦贝尔市	270	779	1049	0	1049	1049	0	0	0
	兴安盟	128	193	322	0	322	322	0	0	0
文得根水库至绰勒水库	兴安盟	167	278	445	0	445	445	0	0	0
绰勒水库至两家子	兴安盟	1499	8048	9547	8114	920	9034	0	513	513
两家子至绰尔河河口	兴安盟	654	29730	30384	23237	5432	28668	0	1715	1715
	齐齐哈尔市	101	12483	12583	8160	3898	12058	0	525	525
绰尔河流域	内蒙古	2718	39028	41746	31351	8168	39518	0	2228	2228
	黑龙江	101	12483	12583	8160	3898	12058	0	525	525
	合计	2819	51511	54330	39511	12065	51576	0	2753	2753

表 2.2-15　　2030 年河道外多年平均供需平衡成果表　　单位：万 m^3

水资源计算分区	行政分区	需水量			供水量			缺水量		
		城镇	农村	小计	地表水	地下水	小计	城镇	农村	小计
文得根水库以上	呼伦贝尔市	512	1237	1748	386	1339	1725	0	23	23
	兴安盟	325	426	751	0	751	751	0	0	0
文得根水库至绰勒水库	兴安盟	423	3170	3594	2365	1082	3446	0	147	147
绰勒水库至两家子	兴安盟	2892	14458	17351	15443	921	16363	35	953	987
两家子至绰尔河河口	兴安盟	1331	27669	29000	21951	5605	27556	0	1443	1443
	齐齐哈尔市	159	13988	14148	10308	3152	13460	0	688	688
绰尔河流域	内蒙古	5483	46961	52443	40145	9697	49842	35	2566	2602
	黑龙江	159	13988	14148	10308	3152	13460	0	688	688
	合计	5642	60949	66591	50453	12849	63301	35	3255	3290

2. 经济社会用水与生态环境用水配置

水资源配置方案2030年按有文得根水库并实施调水方案进行配置。

绰尔河流域水资源总量为22.10亿m^3，2030年多年平均河道外经济社会配置水量6.33亿m^3，折算成对水资源的消耗量为4.76亿m^3，调出水量4.74亿m^3，配置给生态系统的用水量为12.60亿m^3。基准年、2030年流域经济社会用水与生态环境用水配置成果见表2.2-16。

表2.2-16 基准年、2030年流域经济社会用水与生态环境用水配置成果 单位：亿m^3

水平年	水资源总量	调出水量	河道外配置水量	河道外配置水量消耗量	可供生态用水量
基准年	22.10	0.20	5.16	3.96	17.94
2030年	22.10	4.74	6.33	4.76	12.60

注 可供生态用水量=水资源总量+调入-调出-河道外配置水量消耗量。

3. 跨流域供水量配置

引绰济辽工程2030年多年平均调出水量为4.54亿m^3，取水口位于文得根水库库区，输水线路末端为通辽地区受水区。

流域外位于嫩江干流区间泰来县的宏胜水库在每年灌溉临界期（5—6月）后的7—11月引水，多年平均从绰尔河流域引水量为0.2亿m^3。

4. 不同行业水量配置

2030年绰尔河流域多年平均河道外配置水量为6.33亿m^3，其中城镇生活配置水量为0.07亿m^3、农村生活配置水量为0.06亿m^3、城镇生产配置水量为0.48亿m^3、农村生产配置水量5.71亿m^3、城镇生态配置水量0.01亿m^3，多年平均调出水量4.74亿m^3。

5. 不同水源配置

2030年地表水配置水量为5.05亿m^3、地下水供水为1.28亿m^3、调出水量4.74亿m^3。流域规划水平年多年平均水量配置成果见表2.2-17。

6. 配置成果合理性分析

绰尔河流域地下水可开采量为1.64亿m^3，2030年文得根水库建设后通过调蓄为下游供水，置换现状超采的地下水，规划水平年地下水资源配置量为1.28亿m^3，地下水资源配置量小于地下水可开采量，实现

表 2.2-17 流域规划水平年多年平均水量配置成果

单位：万 m^3

水资源计算分区	行政分区	水平年	不同行业							不同水源			调出水量
			城镇生活	农村生活	城镇生产	农村生产	城镇生态	农村生态	小计	地表水	地下水	小计	
文得根水库以上	呼伦贝尔市	基准年	144	39	126	740	0	0	1049	0	1049	1049	0
		2030年	203	34	272	1179	36	0	1725	386	1339	1725	0
	兴安盟	基准年	13	60	116	134	0	0	322	0	322	322	0
		2030年	19	68	306	358	0	0	751	0	751	751	45377
文得根水库至绰勒水库	兴安盟	基准年	18	132	150	146	0	0	445	0	445	445	0
		2030年	27	149	397	2874	0	0	3446	2365	1082	3446	0
绰勒水库至两家子	兴安盟	基准年	194	68	1305	7468	0	0	9034	8114	920	9034	0
		2030年	282	76	2519	13429	56	0	16363	15443	921	16363	0
两家子至绰尔河河口	兴安盟	基准年	54	156	600	27858	0	0	28668	23237	5432	28668	0
		2030年	84	172	1222	26054	24	0	27556	21951	5605	27556	0
	齐齐哈尔市	基准年	54	104	47	11854	0	0	12058	8160	3898	12058	1996
		2030年	45	65	102	13235	12	0	13460	10308	3152	13460	1997
绰尔河流域	内蒙古	基准年	422	455	2296	36345	0	0	39518	31351	8168	39518	0
		2030年	615	499	4716	43895	117	0	49842	40145	9697	49842	45377
	黑龙江	基准年	54	104	47	11854	0	0	12058	8160	3898	12058	1996

续表

水资源计算分区	行政分区	水平年	不同行业							不同水源			调出水量
			城镇生活	农村生活	城镇生产	农村生产	城镇生态	农村生态	小计	地表水	地下水	小计	
绰尔河流域	黑龙江	2030年	45	65	102	13235	12	0	13460	10308	3152	13460	1997
	合计	基准年	476	559	2343	48199	0	0	51576	39511	12065	51576	1996
		2030年	660	564	4819	57131	128	0	63301	50453	12849	63301	47374

表 2.2-18　水量配置成果分析表

水资源/万 m^3		地表水/万 m^3		水平年/万 m^3	配置的供水量/万 m^3	调出水量/万 m^3	水资源消耗量/万 m^3		下泄量/万 m^3	地表水利用程度/%	地下水利用程度/%	水资源开发利用程度/%	地表水出境率/%	地表水耗损量占地表可利用量的百分比/%	总耗损量占可利用总量的百分比/%
资源量	可利用量	资源量	可利用量				总量	其中本地地表水							
220975	115138	208021	107547	基准年	51576	1996	41568	33257	176228	19.95	73.65	24.24	84.72	30.92	36.10
				2030年	63301	47374	106132	97561	118070	47.07	78.43	50.09	56.76	90.71	92.18

注　1. 地表水耗损量占地表可利用量的百分比=本地地表水耗损量/本地地表水可利用量。
2. 总耗损量占可利用总量的百分比=总耗损量/（本地水资源可利用总量+调入水量）。

了浅层地下水不超采。

绰尔河流域地表水配置总量为 9.79 亿 m³，其中本流域地表水配置量为 5.05 亿 m³、调出水量为 4.74 亿 m³。与水量分配方案相比，由于引绰济辽工程调出水量减少 1.11 亿 m³，规划配置水量比分配水量减少 1.11 亿 m³。水量配置成果分析见表 2.2-18。

2.3 水资源开发利用

2.3.1 城乡生活及工业用水

2.3.1.1 用水现状

1. 城镇用水现状

2017 年全流域城镇用水总量为 2819 万 m³，生活、生产用水量分别为 476 万 m³、2343 万 m³。2017 年城镇经济指标及用水量见表 2.3-1。

表 2.3-1 2017 年城镇经济指标及用水量统计表

水资源计算分区	行政分区	经济社会发展指标		用水量/万 m³		
		人口/万人	GDP/亿元	生活	生产	合计
文得根水库以上	呼伦贝尔市	3.94	3.05	144	126	270
	兴安盟	0.35	4.64	13	116	128
文得根水库至绰勒水库	兴安盟	0.48	6.72	18	150	167
绰勒水库至两家子	兴安盟	5.30	30.10	194	1305	1499
两家子至绰尔河河口	兴安盟	1.47	15.20	54	600	654
	齐齐哈尔市	1.43	0.82	54	47	101
绰尔河流域	内蒙古	11.54	59.71	422	2296	2718
	黑龙江	1.43	0.82	54	47	101
	合计	12.97	60.53	476	2343	2819

流域内主要城镇为音德尔镇，音德尔镇为内蒙古自治区兴安盟扎赉特旗政府所在地，绰源镇、塔尔气镇、浩饶山镇等其他镇，人口较少，为一般林业镇。2017 年音德尔镇总面积 138.02km²，总人口 5.20 万人，

其中城镇人口4.24万人，地区生产总值19.05亿元，用水总量为801万m^3，生活、生产用水量分别为171万m^3和630万m^3。

2. 农村生活用水现状

2017年全流域农村人口20.03万人，居民生活用水量为559万m^3。饮水不安全人口主要分布在山丘区城镇和平原区农村。饮水不安全的主要原因是饮水水质不达标、水量不足、用水不方便等问题。根据农村饮水安全巩固提升工程要求，应进一步提高流域农村饮水集中供水率、自来水普及率、供水保证率和水质达标率，解决流域饮水不安全问题。

2.3.1.2 城镇供水

预测到2030年，流域城镇供水量由基准年的2820万m^3增加到5606万m^3。城镇生活供水全部采用地下水，生态供水全部采用地表水，城镇生产供水仅文得根水库以下区间兴安盟部分采用地表水，其余采用地下水。城镇供水量预测见表2.3-2。

表2.3-2 城镇供水量预测成果表 单位：万m^3

水资源计算分区	行政分区	水平年	地下水供水		地表水供水		合计
			城镇生活	城镇生产	城镇生产	城镇生态	
文得根水库以上	呼伦贝尔市	基准年	144	126	0	0	270
		2030年	203	272	0	36	511
	兴安盟	基准年	13	116	0	0	129
		2030年	19	306	0	0	325
文得根水库至绰勒水库	兴安盟	基准年	18	150	0	0	168
		2030年	27	397	0	0	424
绰勒水库至两家子	兴安盟	基准年	194	609	696	0	1499
		2030年	282	430	2089	56	2857
两家子至绰尔河河口	兴安盟	基准年	54	600	0	0	654
		2030年	84	1222	0	24	1330
	齐齐哈尔市	基准年	54	47	0	0	101
		2030年	45	102	0	12	159

续表

水资源计算分区	行政分区	水平年	地下水供水		地表水供水		合计
			城镇生活	城镇生产	城镇生产	城镇生态	
绰尔河流域	内蒙古	基准年	422	1601	696	0	2719
		2030年	615	2627	2089	116	5447
	黑龙江	基准年	54	47	0	0	101
		2030年	45	102	0	12	159
	合计	基准年	476	1648	696	0	2820
		2030年	660	2729	2089	128	5606

2.3.1.3 主要城镇供水水源

主要城镇现状人口5.20万人，供水量801万m^3。预测2030年，人口增加到6.02万人，地区生产总值为72.31亿元，需水量1059万m^3（其中生活282万m^3，生产732万m^3，生态45万m^3）。

在考虑加大节水力度、充分利用现状水源富余供水能力、优先使用中水、合理控制地下水源取水量的基础上，拟订了基本满足城镇需水要求的供水水源方案。2030年居民生活需水量282万m^3，全部采用地下水；生产需水量732万m^3，其中地表水429万m^3，地下水303万m^3；生态需水量为45万m^3，全部采用地表水。

2.3.1.4 农村生活供水

预测到2030年流域农村人口为18.17万人，生活需水量为564万m^3，全部采用地下水。大力推进城乡一体化建设，加快集中供水工程建设，提高农村自来水普及率、供水保证率，解决农村饮水不安全人口的饮水问题。

2.3.2 灌溉规划

2.3.2.1 灌溉供水现状

2017年绰尔河流域耕地面积为358.26万亩，农田实际灌溉面积为

93.26 万亩，现状流域耕地灌溉率仅 26.03%。流域现状灌溉面积主要集中在绰勒水库下游，实际灌溉面积为 93.27 万亩。其中，水田 45.11 万亩，全部分布在绰勒水库以下水土资源丰富的平原地区；水浇地 48.15 万亩，主要分布在绰勒水库以下水资源相对短缺但土地资源丰富的平原地区，文得根水库以上区间仅零星分布。现状农业灌溉情况详见表 2.3-3。

表 2.3-3　现状农业灌溉情况表　单位：万亩

水资源计算分区	行政分区	耕地面积	农田实际灌溉面积			林果地灌溉面积	灌溉面积合计
			水田	水浇地	小计		
文得根水库以上	呼伦贝尔市	29.54	0	2	2	0	2
	兴安盟	55.74	0	0	0	0	0
文得根水库至绰勒水库	兴安盟	97.11	0	0	0	0	0
绰勒水库至两家子	兴安盟	47.76	4.75	6.05	10.8	0	10.8
两家子至绰尔河河口	兴安盟	71.64	24.86	23.6	48.46	0	48.46
	齐齐哈尔市	56.47	15.5	16.5	32	0.01	32.01
绰尔河流域	内蒙古	301.79	29.61	31.65	61.26	0	61.26
	黑龙江	56.47	15.5	16.5	32	0.01	32.01
	合计	358.26	45.11	48.15	93.26	0.01	93.27

绰尔河流域 2017 年农业灌溉用水量为 3.99 亿 m^3，其中水田灌溉用水量 3.02 亿 m^3，水浇地灌溉用水量 0.97 亿 m^3。现状农业灌溉用水量详见表 2.3-4。

表 2.3-4　现状农业灌溉用水量表　单位：万 m^3

水资源计算分区	行政分区	农田灌溉				林果地灌溉
		水田	水浇地	菜田	小计	
文得根水库以上	呼伦贝尔市	0	241	0	241	0
	兴安盟	0	0	0	0	0
文得根水库至绰勒水库	兴安盟	0	0	0	0	0
绰勒水库至两家子	兴安盟	3526	1925	0	5451	0

续表

水资源计算分区	行政分区	农田灌溉				林果地灌溉
		水田	水浇地	菜田	小计	
两家子至绰尔河河口	兴安盟	15651	4380	0	20031	0
	齐齐哈尔市	10995	3206	0	14201	2
绰尔河流域	内蒙古	19177	6546	0	25723	0
	黑龙江	10995	3206	0	14201	2
	合计	30172	9752	0	39924	2

绰尔河流域万亩以上灌区共 9 处，设计灌溉面积为 46.17 万亩，实际灌溉面积为 69.56 万亩，其中水田灌溉面积 39.91 万亩，主要分布在索格营子、好力保、保安沼、都尔本新、努文木仁、洪家、二道坝、东华 8 个灌区；水浇地灌溉面积 29.65 万亩，主要分布在五道河子、好力保、保安沼 3 个灌区。现状万亩以上灌区情况见表 2.3－5。

2.3.2.2 灌溉发展规模

1. *灌溉发展的基本思路*

绰尔河流域水土资源丰富，是我国的主要粮食生产区，为国家粮食安全提供了坚实支撑。要保证国家粮食安全，增加粮食产量，提高耕地灌溉率是增产的主要途径之一，流域灌溉发展的基本思路如下。

（1）有计划扩大水浇地灌溉面积。灌区开发以现状农业用地为基础，不再开荒增加耕地面积，水田面积维持现有水平，在现有耕地上发展水浇地灌溉，提高耕地灌溉率，按照水资源高效配置，全面节水，可持续利用的原则进行全面规划。

1）灌区规划的基本原则：充分利用水土资源，发展水浇地面积，以现状农业用地为基础，不再开荒增加耕地面积、水田面积，灌区开发建设在现有耕地上发展灌溉，增加农田有效灌溉面积；充分利用灌区内现有渠系及建筑物，挖潜配套；对于地表水供水不足的灌区，要充分利用地下水为地表水的补偿，灌区布置考虑井渠结合的方式。

2）灌区发展的重点：①以现有灌区为基础扩大灌溉面积，②在已建应急抗旱工程和抗旱机电井的区域适度扩大灌溉面积。

表 2.3-5 现状万亩以上灌区情况表

水资源计算分区	行政分区	灌区名称	类型	取水水源	设计灌溉面积/万亩	设计引水流量/(m^3/s)	实际灌溉面积/万亩		
							水田	水浇地	合计
绰勒水库至两家子	兴安盟	索格营子灌区	水库灌区	绰勒水库	4.75	6.11	4.75	0	4.75
		五道河子灌区	引水灌区	绰尔河	2.31	3.8	0	6.05	6.05
		小　计			7.06	9.91	4.75	6.05	10.8
两家子至绰尔河河口	兴安盟	五道河子灌区	井灌区	地下水	0	0	0	11.1	11.1
		好力保灌区	引水灌区	绰尔河	2	2.6	3.5	5.6	9.1
		保安沼灌区	引水灌区	绰尔河	22.5	26.4	15.6	6.9	22.5
		都尔本新灌区	引水灌区	绰尔河	3.45	5	3.45		3.45
		努文木仁灌区	引水灌区	绰尔河	2.31	3	2.31		2.31
		小　计			30.26	37	24.86	23.6	48.46
	齐齐哈尔市	洪家灌区	引水	绰尔河	4.25	4	6.5	0	6.5
		二道坝灌区	提水	小绰尔河	3.6	1.3	3.1	0	3.1
		东华灌区	引水灌区	绰尔河	1	1.1	0.7	0	0.7
		小　计			8.85	6.4	10.3	0	10.3
绰尔河流域	内蒙古				37.32	46.91	29.61	29.65	59.26
	黑龙江				8.85	6.4	10.3	0	10.3
	合计				46.17	53.31	39.91	29.65	69.56

（2）适当发展现代高效节水农业。按照东北四省（自治区）节水增粮行动计划，大力发展高效节水灌溉，增加粮食产量。主要方式有喷灌和滴灌两种，灌溉水源包括地表水和地下水，项目实施时应分析地下水资源条件，严格禁止开采深层承压水，浅层地下水控制在可开采量范围之内。

预计2030年规划水浇地有效灌溉面积为74.22万亩，其中一些可发展现代高效节水灌溉农业，节约出的水量用来改善生态环境，或满足经济社会进一步发展的用水需求。

2. 灌溉发展预测

根据流域水资源承载能力以及国家粮食安全的需要，规划2030年全流域灌溉面积达到127.98万亩，其中农田有效灌溉面积117.77万亩，林果地、草场等其他灌溉面积10.21万亩。规划发展的农田有效灌溉面积中，水田42.21万亩，全部分布在绰尔河绰勒水库至绰尔河河口区间水土资源丰富的平原地区，其中新增面积1.91万亩，全部在两家子至绰尔河河口区间齐齐哈尔市；水浇地74.22万亩，其中新增面积26.07万亩，新增面积中仅3.8万亩分布在文得根水库以上区间，其余全部分布在绰勒水库以下兴安盟；菜田1.34万亩，全部为新增面积，分布在文得根水库至绰勒水库区间。灌溉发展情况见表2.3-6。

表2.3-6　　灌溉发展情况表　　单位：万亩

省（自治区）	水平年	耕地面积	灌溉面积						
			农田有效灌溉面积				林果地	草场	合计
			水田	水浇地	菜田	小计			
内蒙古	基准年	301.79	29.61	31.65	0.00	61.26	0.00	0.00	61.26
	2030年	301.79	29.61	57.72	1.34	88.67	0.13	10.03	98.83
黑龙江	基准年	56.47	10.69	16.50	0.00	27.19	0.01	0.00	27.20
	2030年	56.47	12.60	16.50	0.00	29.10	0.05	0.00	29.15
绰尔河流域	基准年	358.26	40.30	48.15	0.00	88.45	0.01	0.00	88.46
	2030年	358.26	42.21	74.22	1.34	117.77	0.18	10.03	127.98

3. 灌溉制度设计

(1) 灌溉设计保证率。水田、水浇地、菜田灌溉设计保证率均采用 75%，林果地、草场灌溉设计保证率均采用 50%。

(2) 灌溉制度。内蒙古自治区灌区灌溉定额按《绰勒水利枢纽下游内蒙古灌区可行性研究报告》和《引绰济辽工程可行性研究报告》灌溉定额，黑龙江省灌区按灌溉定额标准和实际灌溉定额核算；各月分配比例采用《松花江和辽河流域水资源综合规划》的月分配比例系数。

2030 年内蒙古自治区水田净定额为 560m^3/亩，水浇地净定额为 221m^3/亩；黑龙江省水田净定额为 535m^3/亩，水浇地净定额为 105m^3/亩。

4. 灌区规划

通过以节水为中心，完善灌排渠沟系为重点，对灌区进行扩建和新建，使灌区灌溉系统逐步实现引水、输水、配水、灌水、用水等环节全面节水；排水系统逐步实现从无到有，有效控制地下水位；提高基本农田建设标准，优化灌区资源配置，提高灌溉水利用效率，保护生态环境，使灌区实现节水灌溉、增产高效、可持续发展。

规划 2030 年流域零星灌区 22.30 万亩，全部为水浇地，其中内蒙古自治区节水灌溉面积为 5.80 万亩，分布在文得根水库以上区间，黑龙江省为 16.50 万亩，分布在两家子至绰尔河河口区间；灌溉水源除文得根水库以上 5.5 万亩用地表水外，其余全部为地下水。菜田主要分布于文得根水库至绰勒水库区间，灌溉面积 1.34 万亩，灌溉水源为地表水和地下水。

规划 2030 年万亩以上灌区 9 处，设计灌溉面积 94.13 万亩，其中，水田 42.21 万亩，全部用地表水灌溉；水浇地中 32.77 万亩采用地表水灌溉，19.15 万亩采用地下水井灌。

文得根水库下游万亩以上灌区由绰勒水库灌区和五道河子灌区、保安沼、都尔本新、努文木仁、洪家、二道坝和东华灌区组成，各灌区设计灌溉面积和不同水源灌溉规模见万亩以上灌区规划情况见表 2.3-7。

绰勒水库灌区由索格营子、五道河子（地表水）、好力保 3 个灌区组成，采用多首制引水方案，在绰尔河上扩建、重建并利用现状 3 个引水枢纽分别自流引水灌溉。绰勒水库灌区总灌溉面积 41.02 万亩，其中水

表 2.3-7 **万亩以上灌区规划情况表** 单位：万亩

水资源计算分区	行政分区	灌区名称	类型	取水水源	引水口名称	设计灌溉面积			地表水			地下水井灌水浇地
						水田	水浇地	合计	水田	水浇地	小计	
绰勒水库至两家子	兴安盟	索格营子灌区	引水	绰尔河干流	索格营子枢纽	4.75	0	4.75	4.75	0	4.75	0
		五道河子灌区	井渠结合	绰尔河干流	五道河子枢纽	0	24.69	24.69	0	24.69	24.69	0
		小计				4.75	24.69	29.44	4.75	24.69	29.44	0
两家子至绰尔河河口	兴安盟	五道河子灌区	井渠结合	地下水		0	11.1	11.1	0	0	0	11.1
		好力保灌区	引水	绰尔河干流	保安沼枢组	3.5	8.08	11.58	3.5	8.08	11.58	0
		保安沼灌区	井渠结合	绰尔河干流、地下水		15.6	8.05	23.65	15.6	0	15.6	8.05
		都尔本新灌区	引水	绰尔河干流	都尔本新枢纽	3.45	0	3.45	3.45		3.45	0
		努文木仁灌区	引水	绰尔河干流	努文木仁枢组	2.31	0	2.31	2.31	0	2.31	0
		小计				24.86	27.23	52.09	24.86	8.08	32.94	19.15
	齐齐哈尔市	洪家灌区	引水	绰尔河干流	保安沼枢组	8	0	8	8	0	8	0
		二道坝灌区	提水	小绰尔河		3.6	0	3.6	3.6	0	3.6	0
		东华灌区	引水灌区	绰尔河干流	东华枢组	1	0	1	1	0	1	0
		小计				12.6	0	12.6	12.6	0	12.6	0
绰尔河流域	内蒙古					29.61	51.92	81.53	29.61	32.77	62.38	19.15
	黑龙江					12.6	0	12.6	12.6	0	12.6	0
	合计					42.21	51.92	94.13	42.21	32.77	74.98	19.15

分区	灌域名称	水田	水浇地	合计
绰勒-绰尔河河口	索格营子	4.75	0	4.75
	好力保	3.5	8.08	11.58
	五道河子	—	24.69	24.69
	合计	8.25	32.77	41.02

田 8.25 万亩，水浇地 32.77 万亩。

5. 灌溉供水量

水田、水浇地、菜田灌溉设计保证率均采用 75%，林果地、草场灌溉设计保证率均采用 50%。预测到 2030 年流域农田灌溉需水量为 5.44 亿 m^3，林果地 0.002 亿 m^3，草场 0.24 亿 m^3。农业供水量由基准年的 4.60 亿 m^3 增加到 5.36 亿 m^3，地表水供水量由基准年的 3.76 亿 m^3 增加到 2030 年的 4.66 亿 m^3，增幅明显；地下水供水量由基准年的 0.84 亿 m^3 减少到 2030 年的 0.70 亿 m^3。灌溉供水量情况见表 2.3-8。

在灌溉水量不超过水资源配置量的前提下，根据现代高效节水农业发展情况，各区灌溉发展规模在预测成果的基础上可适当调整，以满足国家粮食安全的需要。

2.3.3 水能资源开发要求

根据有关规程规范，水库调节性能较好的水电站，应考虑水资源统一调度及生态环境保护的要求，初步拟定水库调度运用原则，发电调度应服从防洪和水资源调度。

对于一般的水能资源开发项目，原则上应满足下列要求：

(1) 满足生态环境用水要求。水电站建设不能造成电站下游河道断流，电站的调度应满足流域综合规划或水资源综合规划中确定的电站下游河道生态环境需水要求。

(2) 满足水资源综合利用要求。水能资源的开发利用要满足流域水资源开发利用的要求。新建电站对开发河段的已有用水户造成影响的，须提出消除或弥补影响的对策措施；新建电站的建设和调度应服从流域综合规划或水资源综合规划中确定的水资源综合开发利用目标。

(3) 满足防洪要求。水能资源的开发利用要满足流域防洪总体布局的要求，符合流域防洪规划；新建电站对开发河段有防洪影响的，须提出消除或减轻影响的对策措施。

表 2.3-8　　灌溉供水量情况表　　单位：万 m^3

水资源分区	行政分区	水平年	地表水供水						地下水供水				合计
			水田	水浇地	菜田	林果地	草场	小计	水田	水浇地	菜田	小计	
文得根水库以上	呼伦贝尔市	基准年	0	0	0	0	0	0	0	415	0	415	415
		2030 年	0	374	0	0	0	374	0	20	0	20	394
文得根水库以上	兴安盟	基准年	0	0	0	0	0	0	0	0	0	0	0
		2030 年	0	0	0	0	0	0	0	0	0	0	0
文得根水库至绰勒水库	兴安盟	基准年	0	0	0	0	0	0	0	0	0	0	0
		2030 年	0	0	0	18	2256	2274	0	0	227	227	2501
绰勒水库至两家子	兴安盟	基准年	4777	2641	0	0	0	7418	0	0	0	0	7418
		2030 年	3766	9530	0	0	0	13297	0	0	0	0	13297
两家子至绰尔河河口	兴安盟	基准年	21777	1460	0	0	0	23237	0	4505	0	4505	27741
		2030 年	19396	2084	0	0	0	21480	0	4265	0	4265	25745
	齐齐哈尔市	基准年	6954	0	0	2	0	6956	1030	2463	0	3493	10449
		2030 年	9184	0	0	7	0	9191	0	2463	0	2463	11654
绰尔河流域	内蒙古	基准年	26555	4101	0	0	0	30655	0	4920	0	4920	35575
		2030 年	23162	11988	0	18	2256	37424	0	4285	227	4512	41936
	黑龙江	基准年	6954	0	0	2	0	6956	1030	2463	0	3493	10449
		2030 年	9184	0	0	7	0	9191	0	2463	0	2463	11654
	合计	基准年	33508	4101	0	2	0	37611	1030	7383	0	8413	46024
		2030 年	32346	11988	0	25	2256	46615	0	6748	227	6975	53590

2.4 水资源及水生态保护

2.4.1 水资源保护

2.4.1.1 水功能区划及达标评价

1. 水功能区划

绰尔河流域共计10个江河湖泊水功能区。其中，国家级重要江河湖泊水功能区7个、区划河长573km，自治区级主要江河湖泊水功能区3个，区划河长218.2km。按水功能区类型统计，保护区4个，长度256.2km；保留区1个，长度255.6km；缓冲区2个，长度52.3km；工业用水区1个，长度47.1km；农业用水区2个，长度180km。

规划期内，若水功能区及其目标、限排总量等发生调整，相关指标和整治措施按照新要求执行。

2. 水功能区水质现状及达标评价

根据水功能区限制纳污红线考核双指标评价，流域参评水功能区10个，达标9个，水功能区水质达标率90%；参评水功能区长度为791.2km，达标水功能区长度为744.1km，占参评河长的94.05%。水质超标的水功能区为绰尔河牙克石市工业用水区，该水功能区水质目标为Ⅱ类，年度水质为Ⅲ类，超标因子为高锰酸盐指数、氨氮及化学需氧量。

从全因子评价结果来看：流域7个重要江河湖泊水功能区水质全部满足Ⅲ类标准，其中，5个水功能区达到Ⅱ类标准，2个水功能区达到Ⅲ类标准。

2.4.1.2 主要污染物入河量

绰尔河流域城镇生产生活废污水量1313.65万t/a，化学需氧量、氨氮入河量分别为2897.73t/a和351.59t/a。

2.4.1.3 水功能区纳污能力

1. 核定原则

(1) 保护区和保留区的现状水质优于水质目标值时，其纳污能力采用现状污染物入河量；需要改善水质的保护区和保留区，纳污能力采用开发利用区纳污能力计算方法。

（2）省界缓冲区按开发利用区纳污能力计算方法计算，缓冲区现状入河量大于计算值，采用计算值作为纳污能力；没有现状入河量，但有较大乡镇距河道较近的，且计算值较小的，采用计算值作为纳污能力；计算值大于现状污染物入河量，采用现状污染物入河量作为纳污能力；左右岸省界按两省平均分配。

（3）开发利用区纳污能力根据各二级水功能区的设计条件和水质目标，采用数学模型法计算。

（4）《国家主体功能区划》中禁止开发区涉及的水功能区纳污能力原则为零。

2. 纳污能力核定结果

绰尔河流域现状年和规划水平年纳污能力核定结果一致，化学需氧量、氨氮纳污能力分别为2.14万t/a、0.18万t/a。

2.4.1.4 限制排污总量意见

1. 确定原则

（1）现状水质达标的水功能区，污染物入河量小于纳污能力，采用纳污能力或者小于纳污能力的入河量作为水平年限制排污总量。

（2）现状水质不达标但入河污染物削减任务较轻的水功能区，考虑优先实现水质达标，采用核定的纳污能力作为水平年限制排污总量。

（3）现状水质不达标且入河污染物削减任务较重的水功能区，预计水平年仍不能实现水功能区水质达标的，按照从严控制、未来有所改善的要求，按一定的入河削减百分比提出阶段污染物限排总量。

（4）国家主体功能区划中的禁止开发区，限排总量为0；限制开发区，限排总量小于纳污能力。

（5）对于现状污染物入河量小于纳污能力的开发利用区，如水功能区现状水质不达标，规划水平年的限制排污总量应按维持或者小于现状污染物入河量的原则确定；如水功能区现状水质达标，规划水平年的限制排污总量可在水功能区纳污能力范围内较现状污染物入河量适度增加。

2. 限制排污总量意见

绰尔河流域2030年化学需氧量、氨氮限制排污总量分别为0.54万

t/a、0.05万t/a。

2.4.1.5 入河排污口管理

优化现有入河排污口布局，严禁在饮用水源保护区内设置入河排污口。在入河排污口现状调查评价的基础上，根据江河湖泊水功能区划及其水质保护要求，结合区域经济产业布局及城镇规划等，对新建入河排污口设置进行分类指导，新建入河排污口应在相应水功能区达标的情况下进行设置。

执行入河排污口登记和审批制度，对新建入河排污口依法进行申请和审批，严格论证，存档备案；严禁直接向河道排放超标工业和生活废污水，科学开展废污水入河之前的生态处理。

2.4.1.6 水功能区水质监测方案

继续做好对绰尔河黑蒙缓冲区两家子断面的水质常规监测，逐步加强对绰尔河牙克石市开发利用区塔尔气断面、绰尔河扎赉特旗开发利用区文得根坝下断面的水质常规监测。2030年前实现绰尔河流域江河湖泊水功能区的全覆盖监测，监测指标按有关标准执行。

2.4.1.7 饮用水水源地保护

绰尔河流域现有兴安盟扎赉特旗音德尔镇集中式地下水饮用水水源地1处，水源类型为山丘区浅层地下水，现状水质为Ⅱ类，水质状况良好。规划对水源地实施生物隔离工程，面积1.14km^2；对水源地保护区内及周边畜禽养殖、农村生活污染进行综合治理。

2.4.1.8 水资源保护措施

1. 绰尔河流域水资源保护措施

（1）加快流域城镇污水处理设施建设。建议加强流域污水处理设施建设，重点加强流域建制镇的污水处理厂建设，使生产生活废污水经处理后达标排放。对现有扎赉特旗利民污水处理厂进行增容扩建和提标改造，加大城镇污水再生利用力度，削减污染物入河量。

（2）加强农业农村非点源污染治理。科学施用农药、化肥，大力推广测土配方和精准施肥技术，减少化肥、农药的流失量。强化农村生活污水的收集与处理，推广生态农业，开展畜禽养殖禁养区划定工作，对于畜禽养殖场和散养密集区的养殖废污水实行有效收集、集中处理利用。推进农村环境综合整治，整体提升农村环境质量。

（3）严格控制流域污染物排放量，强化流域水环境综合整治。结合有关要求，强化流域水环境综合整治。优化入河排污口布局，严禁在饮用水源保护区内设置入河排污口，对新增入河排污口进行严格审批和管理。严格控制入河污染物排放总量，确保实现国家和地方水污染防治行动计划、重点流域水污染防治规划等确定的各河段、各断面水质目标。

（4）加强水源地保护区管理与规范化建设。按照《中华人民共和国水法》和《中华人民共和国水污染防治法》的相关要求，加强水源地保护区整治和上游流域农业非点源污染防治，保障水源地水质安全。划定文得根水库水源地保护区并严格保护水环境。

（5）农田退水湿地处理工程与水土保持工程建设。加强农牧业面源污染管理，开展万亩以上灌区生态治理工程。实施文得根库区封山育林工程，恢复水源涵养功能，采取坡耕地改造、坡面蓄排水工程、裸露面治理、生态护岸建设等相结合的综合措施进行防治。

2. 引绰济辽工程水资源保护措施

划定文得根水库水源地保护区并严格保护水环境，制定水源地保护法规及水质安全应急预案，严格落实《引绰济辽工程环境影响报告书》及其批复意见（环审〔2017〕29号）中文得根水利枢纽生态流量下泄方案与生态调度方案的要求。建立水质监测与预报系统以及水质保护决策支持系统，以增强预防风险事故的能力。加强输水沿线水体保护，保障受水区用水安全。

2.4.2 水生态保护与修复

2.4.2.1 水生态现状

1. 流域水生态状况

（1）流域水生生境条件。绰尔河流域水生态系统受人类活动及水利工程干扰较少，河流形态、连通性与蜿蜒性基本保持天然状态。

绰尔河河源至广门山峡之间为上游林区段，属山岳地区，河谷窄深，森林植被覆盖良好，上游河床组成为卵石或冰碛石，个别河段为坚硬基岩，有的河段形成陡坡，河流湍急，河水清澈，含沙量极微。广门山至绰勒水库坝址为中游，属低山丘陵区，河谷开阔，植被较好，沿河由冰川侵蚀的串珠盆地演变成为河谷，河流扩散经常分成若干支汊，河床组成多卵石。绰勒水库坝址以下为下游，进入了松嫩平原，气候温暖，地势平坦，乱流多，多沼泽、洼地。全流域降雨集中在 7—8 月，暴雨集中，冬雪不多，春汛较小。

（2）流域水生生物资源。绰尔河流域分布鱼类 7 目 14 科 69 种，以鲤科鱼类为主，除大银鱼、青鱼、团头鲂和鳙为引进种外，其他种均为绰尔河流域土著种鱼类。流域冷水性鱼类有 3 目 6 科 15 种，珍稀濒危鱼类有雷氏七鳃鳗、哲罗鲑、细鳞鲑、黑龙江茴鱼、怀头鲇。绰尔河上游生态环境良好，珍稀濒危和冷水性鱼类分布相对密集。

绰尔河干支流水生生境较丰富，分布有鱼类的产卵场、越冬场及索饵场。细鳞鲑、哲罗鲑产卵场基本一致，主要分布在绰尔河上游及支流河段，黑龙江茴鱼产卵场主要分布在柴河、固里河、莫柯河和乌坦河等绰尔河支流以及一些溪流中，江鳕产卵场主要分布在绰尔河中、上游及柴河、固里河、莫柯河和乌坦河等支流河段河崖石砬处。绰尔河下游由于绰勒水库及灌区发展等影响，河流水生生境退化，目前仅分布有鳅科等小型鱼类及养殖鱼类。

（3）流域湿地资源。绰尔河湿地位于大兴安岭向松嫩平原的过渡地带，天然湿地主要分布在文得根水库以上的河流上中游地区，是集湿地、草原和原始森林为一体的自然区域，野生动植物原生群落较为完整。下游河口湿地，由于垦荒及筑堤等人为因素，现已所剩无几。

2. 流域水生态存在的主要问题

绰尔河流域地理位置较偏远，人类活动对环境的影响程度低，但随着绰勒水库等水利工程建设及地区经济发展，流域水生生态环境受到影响。

（1）河流纵向连通性阻隔。2006 年，绰尔河干流中游建设了绰勒水库，为大（2）型水库，该工程对鱼类洄游通道形成阻隔，阻断了干支流鱼类种群交流，对水库下游鱼类资源产生不利影响。根据《内蒙古自治区水利厅关于绰勒水利枢纽工程水库调度补充设计及鱼道设计方案的批复》（内水建〔2015〕223号），绰勒水库将补充建设过鱼通道，结合绰勒水利枢纽下游灌区渠首已设计的鱼道，打通绰尔河“绰勒灌区-绰勒水利枢纽-文得根水库”河段鱼类洄游通道。

（2）绰尔河下游灌区等工程影响。绰尔河下游湿地主要依靠河流地表水补给，绰尔河堤防工程修建将影响汛期河流洪泛，鱼类产卵生境减少；绰尔河流域现状灌溉面积主要集中在绰勒水库下游，而在绰勒水库下泄流量减少、灌区引水等综合作用下，部分时段河道水量大幅减少，加之放牧等频繁的人为干扰，河流沿岸沼泽湿地有退化危险。

（3）渔业资源下降。绰尔河下游是鱼类重要的索饵场，但绰勒水库的建设截断了鱼类索饵洄游通道，影响了鱼类繁殖、越冬、索饵的正常的生命活动，使鲤、银鲫等草上产卵场缩小，对绰尔河下游鱼类生长与繁衍带来极大的影响。目前，细鳞鲑、黑龙江茴鱼主要分布于绰尔河上游及一些主要支流，但由于过度渔业捕捞以及河床采砂、植被破坏、旅游发展、城镇废水排放和灌溉退水等造成的河床破坏、水质变差，鱼类适栖生境萎缩，已不能形成产量；哲罗鲑、怀头鲇在绰尔河流域已多年未见。

2.4.2.2 水生态保护原则、目标与保护对象

1. 水生态保护与修复目标

维系流域良好的河流、湿地生态环境，保证水域生态系统鱼类、湿地敏感期生态需水，修复河流纵向连通性；有效保护流域主要鱼类、珍稀特有鱼类资源及栖息地，改善水产种质资源保护区等重要水生态保护区环境，恢复绰尔河下游及河口湿地生态系统，促使生态系统趋向良性循环。

2. 重点保护区域和对象

绰尔河流域分布有珍稀濒危保护鱼类及其产卵场、索饵场、越冬场，并分布有一处国家级水产种质资源保护区，上述敏感保护目标及区域是水生态保护与修复的重点对象。由于过度捕捞及内蒙古自治区旅游业发展，绰尔河鱼类重要生境有变差趋势。

（1）水产种质资源保护区。绰尔河扎兰屯市段哲罗鲑细鳞鲑国家级水产种质资源保护区位于内蒙古呼伦贝尔扎兰屯市绰尔河段内，总面积

2146hm^2，其中核心区面积860hm^2，试验区面积1286hm^2。核心区特别保护期为全年。保护区主要保护对象为哲罗鲑和细鳞鲑，其他保护物种包括黑龙江茴鱼、黑斑狗鱼、瓦氏雅罗鱼、北方花鳅等。

（2）重要鱼类生境地（主要保护河段与对象）。依据《国家重点保护动物名录》、《濒危野生动植物种国际贸易公约》（附录Ⅰ、附录Ⅱ、附录Ⅲ）、《中国濒危动物鱼类红皮书》（1998年版）及调查获得的流域鱼类组成和分布，根据鱼类的濒危程度、经济以及学术价值确定绰尔河流域优先保护的鱼类为4目4科6种，主要为雷氏七鳃鳗、细鳞鲑、哲罗鲑、黑龙江茴鱼、江鳕、乌苏拟鲿。

1）鱼类产卵场分布。细鳞鲑、哲罗鲑产卵场分布基本相同，主要分布在浩山乡以上河段，其中绰尔河干流及干流与固里河、柴河、莫柯河等支流交汇处均有分布。黑龙江茴鱼产卵场主要分布在绰尔河上游浅水溪流中。江鳕产卵场分布较广，绰尔河干流中游、上游、柴河等支流均有分布。

2）鱼类索饵场分布。绰尔河流域鱼类索饵场比较分散，幼鱼觅食主要在鱼类产卵场附近的浅水区，成鱼则在河流交汇口的浅滩、缓流等饵料丰富的河段。

3）鱼类越冬场分布。绰尔河流域鱼类越冬场主要集中在冰封前水深3～5m、结冰后冰下水深2～3m的水域。

3. 主要控制断面最小生态流量

根据绰尔河流域的水文站点的布设条件、已建及拟建水利枢纽的位置，选择文得根坝下、绰勒水库坝下、两家子水文站、河口4个断面作为最小生态流量控制断面。

根据自然水文情势原理，采用BBM（building block method）法对各断面4—9月生态流量进行推算，采用Tennant法推算10月和11月生态流量，12月至次年3月枯水期下泄流量不小于90%保证率最枯月流量1.28m^3/s（根据原环保部有关引绰济辽工程与绰勒水库的环评批复）。该生态流量已包含4月、5月以及7月刺激冷水性鱼类和温水性鱼类产卵的涨水过程。为提高工程实际运行时的生态需水保障程度，要求枯水期下泄流量不小于90%保证率最枯月流量1.28m^3/s。

2.4.2.3 水生态保护与修复对策措施

1. 水生态保护与修复对策措施

(1) 河源区水源涵养与保护。绰尔河发源于大兴安岭森林生态功能区，森林资源丰富，为水源涵养区，应加强河源区、上游水源涵养林保护，开展林地恢复，保持涵养水源的功能，保护生物多样性；加强湿地保护，恢复湿地生态功能；控制土壤侵蚀，维护河源区生态安全；保护河流上游冷水鱼适栖生境。

(2) 保证重要控制断面最小生态环境流量。绰尔河流域生态流量下泄保障措施，主要以合理的水库调度、水资源规划以及逐步构建河流生态需水保障机制为主。为保障生态需水下泄，将生态用水纳入水资源统一配置指标。

绰勒水利枢纽补充下放生态流量，保证水库下游生态用水安全。流域内拟建及规划水库，需与已建的绰勒水库建立流域水库联合调度的长效机制，提高生态用水保障程度。绰尔河下游两家子断面生态流量需依靠文得根水库及绰勒水利枢纽下泄水量联合调度来完成。安装生态流量在线监测系统，建立河流生态流量预警管理制度，对生态流量的满足程度进行不同等级预警。

(3) 重要水生生境保护与修复。

1) 鱼类天然生境保留。绰尔河干流文得根水利枢纽上游及绰尔河流域主要支流固里河、柴河、莫柯河、乌旦河等，水生生态环境良好，是珍稀濒危鱼类主要分布区和冷水性鱼类“三场”密集区，应作为绰尔河流域天然生境保留河段进行保护，维持河道纵向连通性。

绰尔河中下游是温水性鱼类的主要分布区，好力保以下河段河面宽阔，河滩地以自然草甸为主，自然条件良好，为鱼类提供了重要的繁殖和索饵场所。将好力保以下至河口段作为温水性鱼类天然生境保留河段。堤防等工程布局应避免或减缓对珍稀冷水性鱼类产卵场造成影响。

2) 河流廊道修复及过鱼设施。加强干流及重要支流廊道生态修复与管理，在重点生态敏感河段和城镇河段，维持和恢复自然植被系统，提高植被覆盖率。规范流域人类社会经济活动，限制不合理开发、挖砂、垦殖等行为，严禁人为取直河道，破坏河道自然弯曲，并对破坏严重、有明显冲刷的堤岸加强生态工程措施，稳定河岸，有效控制农业面源污染，保护河流水质，维护和修复河流生态功能。

开展绰尔河下游河流水生生境修复，补建过鱼设施，其中绰勒水利枢纽下游内蒙古灌区工程按照环审〔2014〕41号文件建设“仿自然鱼道”；绰勒水利枢纽按照内水建〔2015〕223号文件建设过鱼通道。绰勒水库过鱼设施应与引绰济辽工程同时设计、同时施工、同时验收，基本实现绰尔河纵向连通。

3）增殖放流措施。规划在受人类活动影响导致珍贵鱼类自然繁殖条件不足的河段、蓄水工程库区周边及水产种质资源保护区等重要河流，实施细鳞鲑、哲罗鲑等珍贵鱼类增殖放流。

（4）湿地保护与修复。受人类活动影响，流域内部分天然湿地呈现面积萎缩、功能退化的态势，应保障绰勒水库至绰尔河河口段重要湿地、鱼类生境生态需水。本次规划主要从湿地生态流量保障、湿地生境维护、河滨湿地保护与修复等方面保护流域湿地资源。

1）重点加强绰尔河干支流河源区、上游区湿地保护，限制上游区涉水工程开发、采矿等行为。

2）逐渐恢复绰尔河下游及河口湿地，规范人类生产活动，优化区域水资源配置，加强农业节水，协调区域生活、生产、生态用水，保障主要控制断面流量及过程和河道外生态用水。

3）加强地下水资源保护、水污染防治，合理调控灌区的水利工程布局、规模，保障嫩江干流水生态安全。

（5）水生态综合治理。开展城市生活污水、工业废水污染综合防治，农村面源污染综合治理，河道清淤与整治、河道堤防生态治理等水生态工程建设，改善水质，改善城市段水生态状况。

2. 建立生态补偿机制

建立引绰济辽工程生态补偿相关法规和机制。生态补偿应遵循“谁受益，谁付费，谁受损，补偿谁”及公平性、效率性和可操作性的原则。加大对绰尔河上下游生态补偿力度。

3. 生态流量泄放保障措施

文得根水库建成后，生态流量通过发电站尾水的方式进入下游河道。为了保障生态流量下泄，在库水位低于发电水位356.70m或坝后电站不运行时，通过厂房内灌溉及生态流量泄放管下泄生态流量，生态流量泄放管设计时应满足生态流量下泄要求。同时，文得根水库建成后应同步建设生态流量在线监测系统，分别在文得根坝址下游1km处、两家子水文站以及扎龙泰渠首下断面建设生态流量在线监测系统。

4. 生态调度措施

根据绰尔河中下游生态敏感目标分布情况，生态调度总体要求为4—5月需要一次刺激冷水性鱼类产卵的涨水过程，7月初需要一次刺激温水性鱼类产卵的涨水过程，7月和8月需要洪水平滩为湿地补充水分。在文得根水库和绰勒水库的兴利调度中，在需要进行生态调度的时段预留生态调度水量，生态调度通过优化运行调度方式，结合汛期弃水实施。

2.4.2.4 水生态监测方案

1. 水生生境监测

水生生境监测主要包括水量、流量、流速、水位、水质、水温等。

2. 水生生物监测

(1) 水生生物监测。主要包括浮游植物、浮游动物、底栖动物、水生维管束植物的种类、分布、密度、生物量等。

(2) 鱼类监测。主要包括鱼类的种类组成、结构、资源量的时空分布，重点监测规划实施前后物种濒危程度和鱼类种群资源变化趋势，分析规划对鱼类的累积性影响；流域产卵场的分布与规模变化，包括产卵期分布区、繁殖时间和繁殖种群的规模等。监测范围为绰尔河干流及塔尔气河、柴河、托欣河等主要支流，重点监测干支流中上游冷水性鱼类重要分布区及产卵场。

2.5 水土保持

2.5.1 水土流失及水土保持概况

截至2017年，流域水土流失面积为4247.3km^2，占流域总土地面积的23.9%。流域水土流失按行政区划分，内蒙古自治区和黑龙江省水土流失面积分别为4081.1km^2、166.2km^2；按侵蚀强度划分，轻度侵蚀、中度侵蚀、强烈及以上侵蚀面积分别为 4128.6km^2、81.4km^2、37.3km^2。按侵蚀营力划分，水力侵蚀、风力侵蚀、冻融侵蚀面积分别为 1981.3km^2、2261.7km^2、4.3km^2。按侵蚀地类划分，水土流失主要发生在坡耕地、稀疏草地和稀疏林地上。水力侵蚀主要分布在绰尔河中上游的丘陵地带，风力侵蚀主要分布在绰尔河中下游冲积平原地带，冻融侵蚀主要分布在大兴安岭山脊一带。

截至 2017 年，流域累计完成水土保持治理面积 889.0km^2。流域上游地区主要为林地，措施主要以预防保护为主，中下游地区以坡耕地和侵蚀沟治理为主，综合治理工程主要分布在扎赉特旗和龙江县。

2.5.2 规划目标与规模

2.5.2.1 规划目标

建立与流域经济社会发展相适应的水土流失综合防治体系，全面控制人为水土流失，新增水土流失治理面积 792.5km^2，流域中度及以上侵蚀面积进一步减少，水土资源实现全面的保护。

2.5.2.2 规划规模

规划完成水土流失综合防治面积 3444.6km^2，其中预防保护面积 2652.1km^2，综合治理面积 792.5km^2。

2.5.3 水土保持分区及布局

2.5.3.1 水土保持分区及防治途径

根据《全国水土保持区划》三级区划成果，绰尔河流域被划分为大兴安岭山地水源涵养生态维护区、大兴安岭东南低山丘陵土壤保持区及松辽平原防沙农田防护区 3 个水土保持区，本次规划不再另划水土保持分区，详见表 2.5－1。

1. 大兴安岭山地水源涵养生态维护区

该区位于绰尔河流域的上游，包括内蒙古自治区牙克石市的南部，总面积为 3161.0km^2。地貌类型为中低山，属大陆性亚寒带气候，年降水量为 378.5mm。土壤类型主要有棕色针叶林土及草甸土。土地利用以林地为主，占该区土地总面积的83.0%。水土流失面积为18.0km^2，土壤侵蚀以水力侵蚀为主，其次是冻融侵蚀。侵蚀主要发生在林地、草地，全部为轻度侵蚀。

表2.5-1　绰尔河流域各水土保持分区所涉及的县级行政区

水土保持分区	所涉及的县级行政区
大兴安岭山地水源涵养生态维护区	牙克石市
大兴安岭东南低山丘陵土壤保持区	阿尔山市、科尔沁右翼前旗、扎赉特旗、扎兰屯市、龙江县
松辽平原防沙农田防护区	泰来县

该区位于嫩江水源涵养区，全部为林区，森林覆盖率较高，水土流失较轻。该区水土保持主导基础功能为水源涵养和生态维护，水土流失综合防治途径如下：

(1) 禁止毁林开荒、滥砍盗伐，应合理采伐，采取封山育林、人工植树造林等措施。

(2) 对现有天然林、人工林进行全面保护，并逐步扩大树木天然更新和人工造林更新比例。

(3) 对现有疏林地进行有计划改造，提高林草覆盖率，发挥森林涵养水源、维护生态平衡的作用。

2. 大兴安岭东南低山丘陵土壤保持区

该区跨越绰尔河流域的中上游、中游及下游地区，包括内蒙古自治区扎兰屯市的西南部、阿尔山市的东北部、科尔沁右翼前旗的北部、扎赉特旗的大部分地区及黑龙江省龙江县南部，总面积14313.6km^2。该区西部为中低山，中部为丘陵台地，东部为平原，海拔由西北向东部逐渐降低，属温带大陆性季风气候，年降水量为412.5mm。土壤类型主要有暗棕壤、草甸土、新积土、黑钙土及棕色针叶林土。土地利用类型主要为有林地、草地和耕地，分别占该区总土地面积的50.2%、22.5%和19.0%。水土流失面积4168.9km^2，土壤侵蚀以风力侵蚀和水力侵蚀为主，兼有少量冻融侵蚀。侵蚀主要发生在草地、坡耕地和林地，轻度、中度、强烈及以上侵蚀面积分别为4093.3km^2、46.5km^2、29.1km^2。

该区大部分区域位于嫩江水源涵养区，西部中低山区为林区，森林覆盖率较高，水土流失较轻；中部低山丘陵区为农牧结合区，农牧业开发较早，部分区域水土流失较严重；东部平原为农区，人口集中，生产建设活动比较多，部分地区存在水土流失加剧的趋势。该区水土保持主导功能为土壤保持，水土流失综合防治途径如下：

（1）林区加大林草的保护和建设，严禁乱砍滥伐、毁林毁草开荒，采取封山育林、人工植树造林等措施，提高森林覆盖率，增强森林的水源涵养能力。

（2）在适宜造林的荒坡进行工程造林整地。

（3）对疏草地合理采取休牧、轮牧、禁牧等措施，通过自然修复和人工种草恢复植被，减轻草地水土流失，防止草地退化。

（4）对坡耕地采取改垄、修建坡式梯田、地埂植物带等措施进行治理，大力营造农田防护林，控制水土流失，同时配套水源工程，发展农田节水灌溉，加快高标准旱作基本农田建设，对坡度大于 15°的坡耕地要实行退耕还林还草。

（5）对侵蚀沟采取沟头防护，沟道内修筑干砌石、生物谷坊等治理措施，并在沟坡、沟岸、沟底植树种草。

3. 松辽平原防沙农田防护区

该区位于绰尔河流域的下游，黑龙江省的泰来县中西部地区，总面积 261.4km^2。地貌为平原，属于温带大陆性季风气候，年降水量为 409mm。土壤类型以草甸土为主，还有部分的水稻土和黑钙土。土地利用类型以耕地为主，占总土地面积的 86.7%。水土流失面积为 60.4km^2，以风力侵蚀为主。侵蚀主要发生在耕地，主要为轻、中度侵蚀，侵蚀面积分别为 26.7km^2 和 33.7km^2。

该区是农区，位于文得根水库下游灌区，耕地以水田种植为主，水土保持工作应该以农田防护为主，发展农田节水灌溉、建设高标准基本农田、提高土地生产能力为重点。

2.5.3.2 水土流失重点防治区划分

根据《全国水土保持规划》，牙克石市属于大小兴安岭国家级水土流失重点预防区，阿尔山市属于呼伦贝尔国家级水土流失重点预防区，扎兰屯市、扎赉特旗、科尔沁右翼前旗、龙江县属于大兴安岭东麓国家级水土流失重点治理区，见表 2.5－2。

表 2.5－2　国家级水土流失重点防治区在绰尔河流域的分布情况

国家级重点防治区	省（自治区）	所涉及的县级行政区
大小兴安岭国家级水土流失重点预防区	内蒙古自治区	牙克石市
呼伦贝尔国家级水土流失重点预防区	内蒙古自治区	阿尔山市
大兴安岭东麓国家级水土流失重点治理区	内蒙古自治区	扎兰屯市、扎赉特旗、科尔沁右翼前旗
	黑龙江省	龙江县

2.5.4 预防保护

流域预防重点范围为该流域的大兴安岭山地水源涵养生态维护区、大兴安岭东南低山丘陵土壤保持区西部的林区、中部的农牧结合区，行政区涉及牙克石市、阿尔山市、扎兰屯市、扎赉特旗。预防对象为预防保护范围内的天然林、高郁闭度的人工林以及高覆盖度的草地，大、中型侵蚀沟的沟坡和沟岸、河流的两岸以及周边的植物保护带等。

预防措施体系包括保护管理、封育保护、植被恢复、抚育更新以及局部区域的水土流失治理措施。

流域规划实施预防保护面积 2652.1km^2，以封育保护措施为主。

2.5.5 综合治理

流域治理范围主要为大兴安岭东南低山丘陵土壤保持区中部的农牧结合区及东部的农区，行政区涉及扎赉特旗、扎兰屯市、阿尔山市、科尔沁右翼前旗以及龙江县。治理对象为治理范围内的坡耕地、“四荒”地、水蚀坡林地、侵蚀沟及退化草地。

流域综合治理采取林草措施、工程措施与耕作措施相结合的方式，以坡耕地治理、“四荒”治理及侵蚀沟治理为重点。综合治理措施体系包括工程措施、林草措施、耕作措施及封禁治理。

规划绰尔河流域新增水土流失综合治理面积 792.5km^2。

2.5.6 监督管理

加强监督工作法制化、正规化、规范化建设，完善生产建设项目水土保持监督管理制度。全面落实生产建设项目水土保持方案报批制度和建设项目水体保持设施必须与主体工程同时设计、同时施工、同时投产使用的制度，依法征收水土流失补偿费、水土流失防治费，提高监督执法快速反应能力。

具体措施包括：建立健全水土保持配套法规体系、监督管理体系和技术服务体系，强化监督管理，加强生产建设项目的监督和管理，有效遏制各类生产建设项目造成的人为水土流失，必要时应与林草等执法部门协调配合，统一执法；加强预防管护工作，将预防管护工作纳入当地水土保持监督执法日常工作，加强对林木采伐、毁林、毁草开荒，烧山开荒及乱挖、乱采等破坏活动的监督管理。

2.5.7 水土保持监测

建立并完善流域水土保持监测网络，在流域内定期开展水土流失监测，掌握水土流失动态，分析流域水土流失年度消长情况，实现对流域水土流失及水土保持重点工程防治效果的监测和评价，为水土流失防治、监管和管理决策服务，为流域水土保持生态建设提供依据。

监测内容包括：①重点防治区监测，包括水土流失类型、面积、强度和分布等；②水土保持措施监测，包括总治理面积、水土保持措施的分布、数量、面积等。

2.5.8 示范与推广

该流域可重点开展坡耕地防治技术及荒坡防治技术的示范推广。坡耕地防治技术主要推广地埂的修埂方法及埂带植物的种植技术；荒坡防治技术主要推广的是水平坑造林技术，针对不同地区的特点，选择适合环境生长的树种。这两项技术的推广不仅能够加快坡耕地和荒坡治理，减轻区域水土流失，发挥治理工程的生态效益，同时也会给当地百姓带来一定的经济效益。

2.6 流域综合管理

2.6.1 流域管理现状

根据《中华人民共和国水法》《中华人民共和国防洪法》等国家法律法规，绰尔河流域实行流域管理与行政区域管理相结合的管理体制。

为充分利用绰尔河流域水资源，统筹兼顾上下游用水需求，共同发展水田灌溉，中央曾于1950年规定了分水比例：扎赉特旗为58%，泰来县为24%，龙江县为18%；并规定扎赉特旗在绰尔河音德尔以上发展的600垧稻田不纳入分水比例。为了贯彻执行这一比例，同时决定三旗（县）成立联合水管会，统一管理绰尔河分水问题。九孔闸门（重建后现为六孔闸）钥匙和启闭机交由联合水管会掌握，闸门启闭、测流都由联合水管会负责，在必要时各方可派人参加办公室工作，并由联合水管会制定出一套管理制度，各方共同执行，该制度沿用至今。

2.6.2 规划目标

绰尔河流域应按照权威、统一、高效的流域管理体制要求，进一步明晰流域管理机构与地方水行政主管部门之间的事权划分并形成有效的运行保障机制，建立健全流域管理与区域管理相结合的各项流域管理制度。深入贯彻中央关于推进生态文明建设的决策部署，全面推进落实河长制湖长制，强化河流水域岸线保护和涉水活动监管，促进河流面貌根本好转。加强流域水资源优化配置和水量统一调度，确保重要断面生态水量符合绰尔河流域综合规划和已批复的水量分配方案要求。加强水土流失治理，强化水土保持监测和监督管理。高度重视生态环境保护，严格落实规划环境影响报告书审查意见，依法依规严守生态保护红线，进一步增强生态环境保护的责任意识、红线意识、法律意识。

2.6.3 管理体制与机制

2.6.3.1 管理体制

通过合理划分事权，进一步理顺流域管理与行政区域管理的关系，逐步建立各方参与、民主协商、科学决策、分工负责的流域议事决策和高效执行机制。通过运用法律、经济、行政等综合手段，加强涉水事务统一管理；整合各项监测职能，及时向社会提供流域管理基础信息。

流域管理按照国家有关法律法规规定的和国务院水行政主管部门授予的水资源管理和监督职责，进一步加强流域水资源统一规划和配置工作，逐步完善流域水利规划体系，协调好流域内行政区域和利益相关行业的用水关系，平衡经济社会发展与河流生态保护之间的用水需求，强化跨流域水资源调度管理和取水总量控制，完善流域水旱灾害防御体系和非工程措施，规范涉河建设行为，通过流域内利益相关者参与、民主协商并加强流域性管理制度建设等，保障流域水资源开发利用的公平、高效和可持续性。

地方水行政管理按照中央与地方的事权划分，以流域规划为基础，充分发挥政府的社会管理和公共服务职能，负责本行政区内水资源的统一管理和监督，提升水服务质量。

2.6.3.2 工作机制

为促进流域管理与行政区域管理的密切结合，重点建立如下工作机制。

1. 建立流域水事协调机制

结合流域实际，完善扎泰龙联合水管委员会，充分发挥其协调作用，维护正常水事秩序。建立文得根水库、绰勒水库与联合水管会信息沟通机制，发生水事纠纷时由松辽水利委员会负责调处工作。

2. 建立流域民主协商决策机制

巩固以往工作成果，建立由流域管理机构、有关省（自治区）人民政府、部门和利益相关者共同参与的流域民主协商决策机制，使流域重大涉水事务决策建立在民主协商的基础上，流域整体利益、区域利益和行业利益在协商过程中得到充分体现和协调；增强区域执行流域管理决策的自律性，并建立相应的议事规则、例会制度和信息公告制度，保障决策的民主化和透明度。

3. 建立有力的执行和监督机制

为确保协商决策结果和流域规划目标的有效落实，应建立起有力的执行机制和监督机制。要进一步理顺各级水行政主管部门的职责分工，使工作任务能够有效地贯彻到基层、贯彻到各项实际工作中。监督机制的建立不仅应包括流域层面对行政区域层面的监督、上级水行政主管部门对下级水行政主管部门的监督，也应包括社会机构、公众等对涉水行业的监督，监督方式可以包括调查、检查、评估、媒体公示、问责等。

4. 建立信息共享机制

以现代高新技术改进传统管理方式，推进水利信息化进程，建立以流域为单元、开放性的水利信息管理系统，实现流域与行政区域信息共享、优势互补。共享信息应包括流域基础信息、相关政策法规、行政审批、监督执法信息等，重点涵盖水文数据、气象数据、水雨旱情信息、供用耗水量、水功能区水质以及水土流失等信息。

2.6.4 防洪减灾管理

根据职责分工，进一步明确流域防汛抗旱指挥机构职责定位，落实责任、细化措施；完善流域防汛抗旱指挥机构工作规则和应急响应工作规程，确保各项职责和任务的贯彻落实；认真开展汛前检查，抓好实战演练，切实做好水雨情旱情墒情预测预报，修编流域预报方案，强化与气象部门和省（自治区）信息共享，不断提高洪水预报精度；开展动态洪水风险图编制并加大推广应用力度，加强防汛抗旱形势分析、洪水预报预警、工程调度、风险分析、应急处置等。

2.6.5 水资源管理

坚持节水优先，将节水贯穿于水资源管理的全过程，加强流域水资源优化配置和水量统一调度，确保重要断面生态水量符合绰尔河流域综合规划和已批复的水量分配方案要求。

对规划和流域大中型水资源开发利用建设项目开展节水评价，开展省（自治区）用水定额评估和县域节水型社会达标建设监督检查，加快推进流域节水型社会建设。按《绰尔河流域水量分配方案》确定的水量份额，合理配置水资源，严格实行水资源消耗总量和强度双控，完成流域水量调度方案，优化水利工程调度，完善流域生态流量控制目标，确保重要监测断面生态流量保证程度，确保流域主要控制断面下泄水量。

严格取水许可审批和监管，在不断加强重点取用水户管理的基础上，逐步实现对全流域取用水情况和地方水行政主管部门审批行为的监管。

加强对地下水位的动态监测，对地下水压采效果进行评价，建立信息通报制度，定期向社会公布地下水动态信息，强化舆论的监督作用。实施地下水开采量和水位双控，逐步完善地下水管理制度。

2.6.6 水资源保护

切实加强水功能区和入河排污口监督管理，建立入河污染物总量控制制度，加强水质监测和评价，建立重大水污染应急管理机制，实现河流生态系统良性演化。切实加强饮用水水源地保护，属地主管部门应制定水源地保护办法，并制订饮用水源污染事故应急预案。

2.6.6.1 加强水功能区管理

完善水功能区监督管理制度，建立水功能区水质达标评价体系，加强水功能区动态监测和科学管理，从严核定水功能区纳污能力，严格控制入河排污总量。切实强化水污染防控，加强工业污染源控制，加大主要污染物减排力度，提高城市污水处理率，改善流域水环境质量。

2.6.6.2 完善流域监测体制建设

加强省界水体、重要控制断面、取水许可、退水水质等常规监测，以及与突发性水污染事故应急监测相结合的流域水质监测体系建设。加强对地下水的保护及监控管理，建立健全地下水长期观测站网，建立信息通报制度，科学控制开采量，保护地下水水质。

适时拓展监测领域，开展对流域水生态的常规监测，保证重点河段的生态基流，维持河流、湿地基本生态需水要求。加强水利工程生态影响评估，探索有利于保护水生态和水环境的水利工程调度模式，逐步建立生态用水保障和补偿机制。

2.6.6.3 完善流域水资源保护与水污染防治协作机制

完善流域区域结合、部门联动的水资源保护和水污染防治机制，特别是信息共享和重大问题协商与决策机制。健全重大水污染应急管理机制，建立重大水污染事件专家咨询机制，为应急处理工作提供技术支持。

2.6.7 水土保持监督管理

加大水土流失预防保护和监督管理力度，严格控制人为水土流失，加强水土流失治理，强化水土保持监测和监督管理。发挥生态自我修复能力，涵养水源，保护黑土资源和森林资源。

完善预防保护制度，明确职责，落实责任，形成完善的管理制度体系和宣传工作体系。充分发挥各级监督管护组织的作用，探索生态保护补偿机制。

完善建设项目的监督管理制度，控制人为水土流失，完善水土保持督查和验收制度，依法征收水土保持设施（水土流失）补偿费、水土流失防治费。加强执法能力建设，提高监督执法快速反应能力。鼓励社会力量参与水土流失治理，明确使用权和管护权，建立责权利统一、多元化投入的水土流失治理机制。

2.6.8 河湖管理

全面推进落实河长制湖长制，切实强化河湖管理，打好河湖管理攻坚战，聚焦管好“盆”和“水”，充分运用省级联系跟踪机制，发挥联席会议和技术协调小组作用，协调解决流域河长制湖长制工作中的难点问题。以河湖“清四乱”为重点，加强对地方河长制湖长制落实情况的暗访督查，对发现的问题及时进行跟踪督导，促进解决河湖管理顽疾；强化流域控制断面特别是省际断面的监测评价，并将监测结果及时通报有关部门，作为评价河长制湖长制的重要依据。依法依规划定河湖管理范围，明确河湖管理边界线。编制河湖岸线保护与利用规划，划定岸线保护区、保留区、控制利用区、开发利用区，加强河湖岸线分区管控和用途管制。持续加大河湖执法监管力度，完善河湖执法监管体制机制，强化多部门联合执法，严厉打击围垦河湖、侵占岸线、非法采砂等违法违规行为，强化河湖水域岸线保护和涉水活动监管，促进河湖面貌根本好转。

2.6.9 水利信息化

强化信息技术与水利业务的融合，推动安全实用、智慧高效的水利信息大系统构建，加快推进防汛抗旱、水工程建设、水资源开发利用等信息化系统建设，完成综合政务办公平台建设并上线运行。

在国家防汛抗旱指挥系统（一期和二期）工程、全国水土保持监测网络与管理信息系统、农村水利信息管理系统、山洪灾害防治非工程措施、中小河流水文监测系统等的基础上，依托水利政务外网信息系统建设，基本建成覆盖全流域的水利信息网络，建设和完善流域各类基础数据库。水利通信设施建设涵盖水库通信、应急通信、异地会商系统、水利信息网、水利卫星通信网等的建设。建设和完善水利空间数据库、水文数据库、水利工程数据库、水资源数据库、防汛抗旱数据库、水土保持数据库、灌区信息化数据库、水利行政管理基础信息数据库。

第3章

环境影响评价

3.1 评价范围、流域功能定位和环境保护目标

3.1.1 评价范围

本次规划环境影响评价范围以规划范围为主，并考虑重点工程主要环境要素影响涉及的范围。对于引绰济辽工程，评价范围为：文得根水利枢纽建设对库区至绰尔河河口段主要环境要素的影响，并简述工程对受水区水文水资源、水环境的影响。

3.1.2 流域功能定位

绰尔河流域生态功能定位确定为：文得根水利枢纽坝址以上区域为重点生态保护与水源涵养保障区；文得根水利枢纽坝址以下区域为生态修复与粮食生产基地建设限制区。

3.1.3 环境保护目标

根据国家、省（自治区）有关生态、环境保护方面的区划、规划，遵守有关环境保护法律法规、政策等，综合确定绰尔河流域综合规划的环境保护目标，详见表3.1-1。

表3.1-1 绰尔河流域综合规划的环境保护目标

环境要素	环境保护目标
水环境	重要江河湖泊水功能区水质达标率95%以上，确保饮用水水源地的水质安全
生态环境	保护规划区域生态系统结构和功能完整性，维系优良生态及自然景观；保护生物多样性，重点保护生态敏感区和珍稀濒危陆生野生动植物种群及其栖息地；保障河流生态需水，保持湿地生态系统健康和可持续发展；保护重要水生生物及其生境；恢复干流河流连通性，促进物种资源交流
环境敏感区	保持自然保护区、风景名胜区、森林公园、饮用水水源保护区等重点保护生态功能区的生态功能基本稳定；保护文物古迹的历史文物价值和景观价值不会受到明显损坏
社会经济	提高流域水资源利用率，完善防洪减灾体系，改善城乡供水条件，促进流域经济、社会可持续发展，确保水资源开发与当地经济社会、生态建设协调可持续发展。通过科学、合理的资源开发和配置，协调好规划工程项目与移民安置、环境保护之间的关系，从源头上减少移民数量，保障移民生活水平和环境卫生条件

3.2 环境现状及分析

3.2.1 水环境

根据水功能区限制纳污红线考核双指标评价，流域参评水功能区10个，达标9个，水功能区水质达标率90%。从全因子评价结果来看：流域7个重要江河湖泊水功能区水质全部满足Ⅲ类标准，其中，5个水功能区达到Ⅱ类标准，2个水功能区达到Ⅲ类标准。现状流域COD和氨氮入河总量分别为6877.25t/a和646.12t/a。流域地下水水质总体满足Ⅲ类标准，各水期地下水水质变化不大，个别区域氨氮和硝酸盐超标，但超标情况相对较轻。

3.2.2 生态环境

(1) 陆生生态。绰尔河流域属于温带草原区域-蒙古高原典型草原区和松辽平原外围森林草原区-大兴安岭山地中、南部森林地区及松嫩平原西北山前丘陵栎林森林草原地区。分布有地衣植物1科2种，苔藓植物14科30种，蕨类植物5科8种、裸子植物1科5种和被子植物90科652种（变种），其中双子叶植物74科517种（变种），单子叶植物16科135种（变种）。流域内维管束植物96科665种。植物集中于几个大科的现象非常明显，菊科、禾本科、莎草科、豆科和蔷薇科植物较多，反映了温带区系的性质。据调查，流域内有黄檗、水曲柳等7种国家二级保护植物和樟子松、核桃楸等17种内蒙古自治区级重点保护植物。绰尔河流域林地面积占有较大比例，占流域总面积的56.57%；草地次之，占总面积的19.23%；耕地占总面积的15.16%；流域内的水域、未利用地、住宅用地、工矿仓储用地等占地面积均比较小。根据以上数据可以说明绰尔河流域人为影响相对较小。经估算，植被实际自然体系生产力与东北地区温带森林草原基本一致。

绰尔河流域天然植被为森林、森林草原，野生动物资源丰富，分布有陆栖脊椎动物343种。其中，两栖类2目4科7种，爬行类3目3科7种，鸟类17目42科275种，兽类6目15科54种。代表种有驼鹿、黑琴鸡、花尾榛鸡、紫貂、貂熊等。国家重点保护野生动物69种，其中国家一级保护野生动物13种，国家二级保护野生动物56种。

绰尔河流域上游森林茂密，植被良好，下游地区农业栽培植物多分布在河谷平原，流域天然生境较为良好，自然系统本底的稳定状况处于较高水平，抗干扰能力较强。但由于长期的人类活动干扰造成了区域自然生态系统也遭到一定破坏，例如，毁林开荒、过度砍伐等行为，使林地面积下降、水土流失加重；过度开垦导致湿地萎缩，过度放牧导致草场退化，给流域生态安全带来一定威胁。

（2）水生生态。绰尔河干支流水生生境较丰富，分布鱼类有7目14科69种，其中鲤科鱼类48种，占68.12%，鳅科鱼类6种，鲶科、鲇科和鲑科各2种，七鳃鳗科、塘鳢科、大银鱼科、狗鱼科、鳕科、鳢科、杜父鱼科、鮨科、斗鱼科各1种。流域分布北方特有鱼类1种为鳅科鱼类花斑副沙鳅。引进鱼类2目2科4种，分别为大银鱼、青鱼、团头鲂和鳙，这些引进鱼类主要分布于绰勒水利枢纽库区。冷水性鱼类3目7科15种（其中5种为珍稀濒危鱼类），占绰尔河鱼类的21.7%，主要分布在绰勒水利枢纽以上河段，集中分布于柴河以上河段。

绰尔河流域水生生态环境受人类活动、工程建设影响主要发生在中下游，受绰勒水利枢纽阻隔及下游灌区、堤防工程建设影响，河道连通性受到影响，河口湿地大量萎缩，哲罗鲑、细鳞鲑等冷水性鱼类比较少见，鱼类个体小型化趋势明显。但从流域整体分析，绰尔河流域水生生物种类较多，鱼类资源较丰富。

3.2.3 环境敏感区

流域重要环境敏感区包括1处自然保护区、1处风景名胜区、2处文物古迹、3处森林公园、1处地质公园、1处国家级水产种质资源保护区及3处湿地公园。

3.3 流域规划分析

3.3.1 规划协调性分析

绰尔河流域综合规划的主要任务是防洪减灾、水资源供需分析与配置、水资源开发利用、水资源和水生态保护、水土保持、流域综合管理等。

规划符合《中华人民共和国水法》《中华人民共和国环境保护法》《中华人民共和国防洪法》《中华人民共和国水土保持法》《中华人民共和国水污染防治法》《中华人民共和国野生动物保护法》《中华人民共和国河道管理条例》《中华人民共和国自然保护区条例》《中华人民共和国自然保护区管理办法》等相关法律法规要求。

规划符合流域在全国层面、省（自治区）层面以及在松辽水系中的功能定位。规划内容与《全国主体功能区划》《全国生态功能区划（修编版）》衔接，符合《松花江流域综合规划（2012—2030年）》《辽河流域综合规划（2012—2030年）》《松花江和辽河流域水资源综合规划》《全国新增1000亿斤粮食生产能力规划（2009—2020年）》《内蒙古自治区国民经济和社会发展第十三个五年规划纲要》等规划要求；与《中国生物多样性保护优先区域范围》《中国生物多样性保护战略与行动计划》《内蒙古自治区主体功能区规划》《黑龙江省主体功能区规划》等是协调一致的。

3.3.2 主要环境制约因素分析

通过环境现状分析，绰尔河流域存在的生态环境问题主要是：绰尔河下游目前已建的绰勒水利枢纽未建设鱼道，阻断了绰尔河纵向连通性；由于绰勒水利枢纽设计及建设时间相对较早，没有设计专门的生态流量下泄设施，在枯水期绰勒水利枢纽发电机组不工作时，下游河道断流，致使绰尔河流域水生态环境受到破坏。

3.3.3 规划与规划环评的互动过程

按照“全程互动”原则，环评单位与规划单位紧密配合，适时提出调整意见，规划方案充分考虑并采纳了环评的结论和建议。主要体现如下。

(1) 坚持生态优先，绿色发展的理念。保护绰尔河流域水源涵养、生物多样性保护等重要功能，加强流域整体性保护。根据环评审查意见，已将生态空间维护、规划环境目标以及“三线一单”管控要求，作为规划实施的硬约束，写入规划报告中。规划方案已按照河长制湖长制要求以及流域主体功能和生态保护定位对规划任务和方案进行优化调整，以加强文得根以上干支流生态环境保护、水源涵养、珍稀冷水性鱼类栖息地保护，强化中下游地区水生态修复和水污染防治，确保流域生态安全。

(2) 规划报告修改取消了涉及大兴安岭生物多样性保护优先区、国家级水产种质资源保护区和国家湿地公园的河口水利枢纽和3座水电站，加强与内蒙古、黑龙江两省（自治区）生态保护红线、主体功能区规划等的衔接，并提出将绰尔河干支流作为鱼类栖息地进行保护，规划期不再规划和新建拦河设施，加快现有设施的生态修复工作，落实流域联合生态调度措施。堤防等工程布局应避免或减缓对珍稀冷水性鱼类产卵场造成影响。绰勒水利枢纽至绰尔河河口河段应保障重要湿地、鱼类生境生态需水，加强地下水资源保护、水污染防治，合理调控灌区的水利工程布局、规模，保障嫩江干流水生态安全。

(3) 规划报告根据审查意见对流域的用水规模及效率进行了复核，

流域用水规模与效率符合流域的基本情况和发展要求，并且与已批复的《引绰济辽工程可行性研究报告》一致，规划水平年通过文得根水库与绰勒水库的优化调度，在满足本流域需水要求和各生态控制断面生态需水要求的条件下，向外流域调水。规划报告坚持节水优先的原则，实施动态调水，落实水量调度方案。针对水资源开发利用程度高的中下游地区，规划中严格控制了用水规模，加强工农业节水，在规划水平年 2030 年用水定额降低的情况下，严格控制新增灌溉面积，核减了部分灌溉用水；在水资源配置中，压减了两家子以下等地下水超采区的开采规模，确保浅层地下水不超采、深层地下水不开采。在规划报告中严格落实《引绰济辽工程环境影响报告书》及其批复意见（环审〔2017〕29 号文）中文得根水利枢纽生态流量下泄方案、绰尔河生态调度方案等要求，保障国家级水产种质资源保护区、鱼类“三场”、重要湿地、自然保护区等环境敏感区的生态需水，以及绰尔河入嫩江干流水量和过程要求。

（4）规划报告补充完善了开展流域水生生境修复作为规划重要内容，制订水生态保护与修复工程方案，打通“绰勒灌区—绰勒水利枢纽—文得根水库”河段鱼类洄游通道，修复中下游河流连通性等内容；落实规划环评报告书提出的文得根坝下、绰勒坝下、两家子、河口等重要断面生态流量及过程要求，以及文得根水利枢纽过鱼设施和增殖放流站建设方案、绰勒灌区五道河子壅水坝和好力保壅水坝过鱼设施建设方案；明确绰勒水利枢纽补建过鱼设施工程、实施主体及时限要求并严格落实，确保以上工程过鱼设施适宜有效。灌区取水口前设置拦鱼设施，减少鱼类资源损失。

（5）规划报告补充完善了严格控制流域污染物排放量，强化流域水环境综合整治的要求。进一步完善加快流域城镇污水处理措施建设、农田退水湿地处理工程建设，加强农牧业面源污染管理，维持水质持续稳定良好；严格控制入河污染物排放总量，确保实现国家和地方水污染防治行动计划、重点流域水污染防治规划等确定的各河段、各断面水质目标。

进一步梳理完善了水环境保护对策措施，增加了“严格控制流域污染物排放量，强化流域水环境综合整治”“划定文得根水库水源地保护区并严格保护水环境”“加快流域城镇污水处理措施建设”“实施农田退水湿地处理工程建设”等具体对策与措施。

（6）规划报告全面推进落实河长制湖长制，加强流域综合管理，健全长效机制，将建立水文、水环境、水生态等监测体系纳入到流域综合管理中。

（7）在规划实施过程中，严格按照要求开展环境影响跟踪评价，规划修编时重新编制环境影响报告书。

3.4 主要环境影响分析

3.4.1 对水文水资源的影响

（1）引水工程对绰尔河流域水资源量的影响。引绰济辽工程实施后，绰尔河流域水资源总量减少幅度为21.45%。

（2）规划实施对绰尔河流域水资源开发利用程度的影响。规划实施后，规划水平年流域水资源消耗量均控制在可利用量范围内，但开发利用程度已较高，不宜进一步开发利用。

（3）水文情势。

1）生态流量满足程度分析。2030年，各重要断面生态流量满足程度较好，枯水期个别时段下泄流量小于生态流量，但满足大于1.28m^3/s的要求。

2）文得根水利枢纽对水文情势的影响。2030年引绰济辽工程运行后文得根坝址以下各重要断面水深均在0.5m及以上，沿程各断面水深变化与流量变化趋势相似，流速变化特征基本为自上而下逐渐减缓，沿程各断面流速总体呈减缓趋势，其中平水年的丰水期流速减小幅度相对较大；各断面水面宽总体减小，其中河口断面丰水年减小241.56m，减幅达到29%。

3.4.2 对水环境的影响

（1）污染源预测。2030年绰尔河流域COD入河总量为5425.54t、氨氮入河总量为455.86t，其中，城镇生产生活污染物入河量占比最大，COD和氨氮入河量分别占比46%和67%。

（2）水环境质量达标分析。2030年，文得根坝下断面和绰勒坝下断面水质分别为Ⅲ类和Ⅱ类，水质较好；两家子断面水质为Ⅲ类，受城镇生产生活排污影响，两家子断面枯水期存在超标现象，化学需氧量和氨氮最高超标0.09倍和0.65倍；绰尔河河口断面水质为Ⅲ类，受灌区退水影响，丰水期存在超标现象，化学需氧量和氨氮分别最高超标0.32倍和0.25倍，超标倍数较低。

引绰济辽工程运行前后地下水流场的基本形态没有发生大的改变。规划灌溉取水、地下水取水、引绰济辽引水等对河口重要湿地、河谷林、地下水源地等的叠加影响较小。

（3）文得根水库富营养化及下泄水温预测。经计算得出文得根水库营养化状态指数为36，为中营养水平。

文得根水库垂向水温结构为过渡型，在采取叠梁门取水的情况下，低温水下泄得到明显缓解，下泄水温较天然水温最大降幅为2.0℃。受文得根水利枢纽下泄水影响，绰勒水利枢纽下泄水温发生一定程度变化，主要影响时间为5—8月。在采取叠梁门取水的情况下，下泄低温水最大降幅为0.6℃。

3.4.3 对陆生生态环境的影响

（1）流域土地利用变化。规划实施后，与现状水平年相比绰尔河流域林地、耕地、草地、建设用地以及未利用地面积有一定程度减小，水域面积增加，流域内由于水库的修建导致局部区域变化比例大，景观斑块类型面积最大依然为林地，其次为草地，最小为建设用地，规划实施没有改变流域内土地利用格局。

（2）流域生态系统稳定性评价。

1）恢复稳定性评价。生态系统的恢复稳定性可通过流域内生物量来衡量。通过计算可知，规划实施后，由于水利工程占地导致绰尔河流域内自然植被生物量损失43.72万t，水库淹没占用的林地多为中幼龄林，林种主要为杨、栎、柳、榛子等常见种，淹没区的湿生草甸为区域常见物种，水土保持规划的实施将在流域内增加生物量，从整个绰尔河流域来看，综合规划的实施将导致流域内生物量增加。

规划的综合实施可增加流域生物量，改善绰尔河流域生态系统功能，增加其稳定性。

2）阻抗稳定性评价。规划实施后绰尔河流域香农多样性比规划实施前增加了0.028，香农均匀度指数比规划实施前升高了0.011，规划实施后流域内异质性增强，阻抗稳定性增高。

（3）湿地生态影响预测与评价。文得根水利枢纽修建会对下游绰尔河沿岸分布沼泽化草甸湿地、绰尔河入嫩江河口湿地等产生不利影响。根据分析成果，文得根水利枢纽调度对坝下河段洪水过程有一定程度的削弱，沼泽化草甸湿地的水分来源受到一定程度的不利影响。工程运行后，远离河流水面一侧的沼泽化草甸湿地可能演替为羊草低湿地草甸甚至苔草草原，工程对绰尔河沿岸分布沼泽化草甸湿地的影响相对较大。

工程运行后，洪水过程减弱，对低湿地草甸有一定影响，密度、盖度将有所下降，但不至于发生退化演替。

回归分析表明，绰尔河河口区域水面面积与嫩江干流水面宽度相关关系更显著，绰尔河河口水位受嫩江干流水位控制。规划实施对绰尔河河口湿地有一定影响，但影响较小。

3.4.4 对水生生态的影响

绰尔河干支流水资源条件较为丰富，分布有细鳞鲑、哲罗鲑、江鳕等珍贵鱼类及其产卵场、索饵场等。规划建设的涉水工程将对流域的水生态环境造成一定干扰和破坏。

（1）防洪减灾规划对水生生态系统的影响。堤防、河道整治及山洪灾害防治工程实施后，河流洪泛面积减少，鱼类产卵生境面积缩减，护岸工程及临水堤防固脚等改变原有河道自然形态，对鱼类产卵场造成影响。

（2）水资源配置及开发利用对水生生态环境的影响。规划工程建设运行后，河流水文情势发生变化，虽然各主要断面可基本满足最小生态流量要求，但洪峰削减及河流水文情势变化趋缓，变化对鱼类产卵的刺激将有所下降。

（3）规划水库对水生生态环境的影响。文得根水利枢纽建设后库区喜流水性鱼类因失去生存环境而迁移到库区上游的河流。水库下游河段的径流过程发生变化，丰水期径流量减少，鱼类栖息环境减少、庇护场缺失，对下游鱼类产生不利影响。枯水期下泄水量增加，对鱼类越冬有利。

文得根库区水温分层，下泄低温水对下游鱼类生长繁殖不利，随着距坝址距离增加、下游支流汇入影响逐渐降低。

（4）累积性影响分析。

1）对流域水生态胁迫因素的累积性影响分析。拦河工程建设、过度渔业捕捞、水量减少、河道采砂和湿地萎缩，是绰尔河水生环境保护面临的主要胁迫因素。文得根工程以及灌区建设、防洪工程等，则将使已经受损的绰尔河干流的水生生境进一步破碎化，流域的水生生境将面临拦河工程建设、水量减少、湿地萎缩等主要胁迫因素的累积性影响。

2）水文情势累积性变化对水生态影响分析。规划实施后，将对河流水文情势形成累积性影响，丰水期下泄流量大幅减少，河道水面缩窄，水位下降，水文情势变化对水生生物尤其是鱼类造成累积性影响。

3）对鱼类洄游通道阻隔累积性影响分析。规划实施后将进一步分割绰尔河中上游水生生境，河流自然形态被水库单一的环境所取代，鱼类适栖生境进一步萎缩，阻碍了部分在绰尔河干流中游索饵、越冬的洄游性鱼类生活史的完成。

4）对嫩江鱼类的累积性影响分析。绰尔河流域综合规划对嫩江鱼类的累积性影响主要体现通过水文情势及水环境影响而形成的间接影响。根据对嫩江下泄流量及水质等影响预测，绰尔河流域综合规划对嫩江水环境影响不大，对嫩江绰尔河汇入口下游鱼类栖息生境等影响很小。

3.4.5 对环境敏感区的影响

（1）对风景名胜区的影响。扎兰屯风景名胜区的一级景区柴河景区内的现状堤防全部未达标。本次规划在柴河景区内新建堤防共5.678km。堤防施工期机械扰动对景区环境产生一定短期不利影响，但堤防布置分散、因地就势，建设以保护景区景观和柴河镇居民为目标，施工期短，不会对景区风景资源造成明显的不利影响。

（2）对国家水产种质资源保护区的影响。在绰尔河扎兰屯市段哲罗鲑细鳞鲑国家级水产种质资源保护区内规划布设了3段堤防，总长度为2.35km。堤防工程施工期施工机械活动对水产种质资源保护区产生干扰，施工河段分布的鱼类将被迫向上下游迁徙；工程施工结束后，施工河段生境功能将逐渐恢复。

3.5 规划方案环境合理性分析

3.5.1 规划布局的环境合理性

（1）防洪减灾。本防洪规划的布局体现以人民为中心的思想：堤防工程布设主要体现保护沿河村镇，同时也加入了保护景观的设计；为了保护沿河村屯安全，在绰尔河扎兰屯市段哲罗鲑细鳞鲑国家级水产种质资源保护区内布设了3段堤防。下阶段，还应对这几处敏感工程进行可行性论证，优化工程布局、完善设计理念，使其造成的环境影响降至可控范围内。

从环境保护角度分析，绰尔河流域防洪减灾规划在布局方面总体上是合理的。

（2）水资源开发利用。本次水资源利用规划中的重点是灌溉规划，即对绰勒水利枢纽至汇入嫩江口间的现有9个万亩以上灌区进行改扩建。通过制定发展水田与水浇地相结合的区域灌溉规划，采取渠灌、喷灌、滴灌等工程技术手段，增加了绰尔河流域现有耕地的有效灌溉面积，减少了地下水的使用量，没有新建排水口，灌区排水口均设在农业用水区范围内。从环保角度分析，本次灌溉规划没有涉及敏感区，灌溉面积布局是合理的。

3.5.2 规划规模的环境合理性分析

（1）调水规模的环境合理性分析。经多方案论证，引绰济辽工程采纳的调水方案能够满足水源区绰尔河生态需水要求，水库淹没损失有一定程度的降低，工程对环境的影响在可接受范围内。工程实施后，对绰尔河水资源开发利用率影响较大，对本流域用水结构影响不大，由于地下水资源配置量小于地下水可开采量，做到了浅层地下水不超采。

（2）流域内水资源配置方案规模的环境合理性分析。2030年绰尔河流域多年平均河道外配置水量为6.33亿m^3，比2013年用水量增加了

1.78亿 m^3。基本满足流域社会经济发展的需求。

2030年城镇生产、生态用水比重逐年增加，生活、农业生产比重逐年减少。规划水平年万元工业增加值用水量、农田灌溉水有效利用系数与《关于实行最严格水资源管理制度的意见》（国发〔2012〕3号）和《内蒙古自治区人民政府批转自治区水利厅关于实行最严格水资源管理制度实施意见的通知》（内政发〔2014〕23号）的要求一致。规划规模总体合理。

（3）灌溉规划规模的环境合理性分析。本次灌溉规划水田灌溉面积略有增加，供水量大幅减少。有效灌溉面积增幅基本集中在重点灌区的水浇地上，达到了水资源高效配置、全面节水、提高农田灌溉水有效利用系数的目的。

通过分析，本次灌溉规划设计规模基本控制在现有耕地范围内，对周边环境的影响较小，合理可行。

3.5.3 规划实施时序的环境合理性分析

本规划防洪工程建设，主要以堤防为主，工程分布零散，且工程量均较小，对周边环境影响有限；本次灌溉规划已列入《全国新增1000亿斤粮食生产能力规划（2009—2020年）》《内蒙古自治区增产百亿斤商品粮生产能力规划（2008—2015）》中，并且是在原有灌区内进行规划，对周边环境影响较小。因此，将上述两项规划安排于近期实施，从环保角度分析是合理的。

3.6 环境保护对策措施

3.6.1 水资源保护对策措施

（1）加强流域节水与监管能力建设。大力推进节水型社会建设，发展高效节水灌溉，加快主要城镇供水管网技术改造，全面推行节水型用水器具等，提高流域内用水效率。加强计划用水管理，依法审批水资源论证报告书、取水许可申请、取水户年度取水计划等，发挥水资源约束和导向性作用。

（2）生态流量保障与调度措施。制订文得根水库蓄水及运行期生态流量下泄方案，严格落实生态流量下泄措施。同步建设生态流量在线监测系统，增设绰勒水库生态小机组和生态放水支管用于下泄生态流量。严格落实绰尔河生态调度方案。

3.6.2 水环境保护对策措施

（1）开展流域水资源保护联防联治工作。全面推进落实河长制湖长制，以水资源保护和水污染防控的长效机制建设为抓手，建立流域管理与区域管理结合、水利与生态环境协作的机制，推进流域跨部门联合治污。具体措施包括：①建立联席会商制度。流域内内蒙古自治区和黑龙江省的水行政主管部门会同环境保护行政主管部门共同建立流域水资源保护协调联席会商制度。②建立信息定期通报和联合监测制度，加强水利和生态环境系统监测机构在水质监测方面的交流与合作。③开展定期联合执法检查。

（2）严格控制流域污染物排放量，强化流域水环境综合整治。优化入河排污口布局，严禁在饮用水水源保护区内设置入河排污口，对新增入河排污口进行严格审批和管理。严格控制入河污染物排放总量，确保实现国家和地方水污染防治行动计划、重点流域水污染防治规划等确定的各河段、各断面水质目标。

（3）进一步加强水源地保护区管理与规范化建设。按照《中华人民共和国水法》和《中华人民共和国水污染防治法》的相关要求，加强水源地保护区整治和上游流域农业非点源污染防治，保障水源地水质安全。划定文得根水库水源地保护区并严格保护水环境。

（4）完善水质监测网络。完善绰尔河流域水质监测网络建设，加强对流域重要支流的水质常规监测工作，实现对流域主要河流、饮用水水源地水质监测网络的全覆盖，提升水质风险预警能力。绰尔河河口断面，是绰尔河入嫩江的控制性断面，该水功能区水质目标为Ⅲ类。为严格控制流域出口断面水质，须制订绰尔河出境河段水质控制保障预案。

（5）加快流域城镇污水处理措施建设。加强流域污水处理设施建设，重点加强流域建制镇的污水处理厂建设，使生产生活废污水经处理后达标排放。对现有扎赉特旗利民污水处理厂进行增容扩建和提标改造，加大城镇污水再生利用力度，削减污染物入河量。完善柴河镇及绰源镇的污水处理设施和配套设施建设，对现有雨污合流制排水系统进行分流制改造，实现音德尔镇、柴河镇、绰源镇等主要城镇废污水集中处理率达到100%。

（6）加强农业农村非点源污染治理。

1）科学施用农药、化肥，减少污染物流失。在农业生产过程中，建议采取有利于水环境保护的农业耕作方式，科学使用化肥、农药，降低化肥、农药的施用量，大力推广测土配方和精准施肥技术，减少化肥、农药的流失量。

2）强化农村生活污水处理。对拟建的文得根水库集水范围内未涉及移民安置的村屯生活污水设置污水处理一体化设备。处理后污水综合利用不外排，污泥可作为农用肥料施用于附近农田、林地和草地。后靠安置居民养殖污水推广干清粪工艺，同时对养殖污水进行收集，建设防渗发酵池以处理养殖粪便，避免其对周围环境造成影响。

3）控制畜禽养殖污染。针对畜禽养殖污染问题，建议相关部门开展畜禽养殖禁养区划定工作，依法关闭或搬迁禁养区内的畜禽养殖场和养殖专业户，严禁沿河放牧，推广舍饲，发展循环农业，充分利用秸秆等农业废弃物实施舍饲干清粪工艺。对于新建、改建、扩建的畜禽养殖场要配套建设粪便污水储存、处理、利用设施，实现雨污分流、粪便污水资源化利用，散养密集区要实行畜禽粪便污水分户收集、集中处理利用，有效控制畜禽养殖污染。

4）推进农村环境综合整治，整体提升农村环境质量。推动农村环境综合整治，实施农村清洁工程，建设农村垃圾转运站，实现农村垃圾统一收集、统一处理。通过以城带镇、以镇带村、联村合建、单村收集储存等污水处理方式，因地制宜地解决农村生活污水的收集处理问题，消除污水直排，缓解流域水环境污染压力。

（7）农田退水湿地处理工程建设。加强农牧业面源污染管理，开展索格营子灌区、五道河子灌区、保安召灌区、东华灌区等万亩以上灌区的生态治理工程，在退水沟渠中种植生态植物，并在沟渠末端构建塘堰湿地，对农田退水进一步处理，有效拦截农田退水污染物进入河道，维持水质持续稳定良好。

3.6.3 生态环境保护对策措施

（1）水生生态保护。

1）流域鱼类保护措施体系。结合绰尔河鱼类的生物学特征，提出了栖息地保护、增殖放流、过鱼设施、科学研究、渔政管理和分层取水等措施，流域鱼类保护措施体系见表 3.6－1。

表 3.6－1　　流域鱼类保护措施体系

序号	措施名称		保护对象	主要作用
1	增殖放流	建设和运行鱼类增殖放流站	哲罗鲑、细鳞鲑、黑龙江茴鱼、瓦氏雅罗鱼、黑斑狗鱼和江鳕	补充鱼类种群数量，恢复鱼类资源
2	过鱼设施	鱼道	主要过鱼对象：瓦氏雅罗鱼、黑斑狗鱼、哲罗鲑、细鳞鲑、黑龙江茴鱼、江鳕	减轻阻隔影响，促进鱼类种群基因交流
3	栖息地保护	明确范围、禁止开发水电	主要保护对象哲罗鲑和细鳞鲑，其他保护物种包括黑龙江茴鱼、黑斑狗鱼、瓦氏雅罗鱼、北方花鳅等	保护鱼类生境，保护鱼类资源
4	拦鱼设施	取水口建设拦鱼设施	水库库区鱼类	减少库区鱼类资源流失，防范受水区鱼类入侵
5	生态基流泄放	绰勒水利枢纽增设生态基流泄放小机组	坝下鱼类	下游鱼类生态需求
6	科学研究	集鱼技术、鱼类人工繁殖技术	瓦氏雅罗鱼、黑斑狗鱼、哲罗鲑、细鳞鲑、黑龙江茴鱼、江鳕等	研究鱼类生态学、生物学和人工繁殖等，为鱼类增殖放流提供技术支撑
7	渔政管理	宣传、加强渔政管理	瓦氏雅罗鱼、黑斑狗鱼、哲罗鲑、细鳞鲑、黑龙江茴鱼、江鳕等	加强管理，保护鱼类资源及重要生境
8	分层取水	叠梁门等分层取水措施	坝下鱼类	减缓下泄低温水对鱼类的影响

2）栖息地保护。文得根水库库尾以上绰尔河干流及全部支流，作为流域栖息地保护区，不再规划和新建拦河项目。文得根坝址至河口绰尔河干流河段加强鱼类栖息地保护，不再规划和新建水利水电开发项目。

3）修复补救措施。建设文得根水利枢纽过鱼设施，并补建绰勒水利枢纽过鱼设施，在绰尔河文得根库尾以上河段投放黑龙江茴鱼、细鳞鲑、哲罗鲑、瓦氏雅罗鱼、黑斑狗鱼和江鳕等鱼苗。

4）保证重要控制断面最小生态环境流量。严格按照水生态保护规划要求，保证重要断面最小生态环境流量。

（2）陆生生态保护。

1）影响最小化措施。规划应确保新增灌区为对现有已垦土地资源进行合理规划整改，严格禁止新垦荒地，避免对沿河沼泽湿地以及周围植被造成破坏。

规划工程实施期间大力开展生态环境保护宣传活动，印发环境保护手册，组织专家对施工人员进行环保意识的宣传教育，加强《中华人民共和国野生动物保护法》《中华人民共和国渔业法》《中华人民共和国水生野生动物保护实施条例》的宣传和执行。

2）修复与补救措施。对规划工程产生的影响采取经济补偿与恢复补偿相结合的措施，对工程占地区耕地、林地进行经济补偿，并对占地区林地采取异地恢复的措施进行植被恢复。对于国家级重点保护野生植物，在人工种植的同时给予补偿和异地抚育的保护措施，天然保护植物植株统一采取移栽的方式进行保护。

规划工程临时占地要进行生态恢复，树种、草种选择主要以乡土种、广布种、景观效果好的植物种为主，优先考虑珍稀植物以及占地区原有植物，尽量恢复占地区原有植被类型。

全面落实规划提出的水土保持措施，保障流域内最小生态流量。

3）湿地生态保护对策措施。针对引绰济辽工程建设对滨河及河口湿地的影响，工程运行后，必须采取生态用水调度，制造人造洪水过程，保障洪水平滩，以减缓工程对文得根水利枢纽下游湿地的不利影响。

规划实施过程中，应严格审批程序，明确生态流量泄放要求；同时，加强监管，防止因工程开发导致的河道减脱水。

加强湿地类型生态敏感区的保护工作，严格落实《国家湿地公园管理办法（试行）》的相关要求，严格限制湿地公园内的水资源开发利用，控制湿地内及周边的污染源。

在规划实施后新形成的湿地区域，如文得根库区等，根据其生境质量情况设立一定级别的湿地公园，加强湿地生态保护。

（3）环境敏感区保护。

1）饮用水水源地保护对策措施。规划对扎赉特旗自来水厂水源地实施生物隔离工程，面积 1.14km^2；对水源地保护区内及周边畜禽养殖、农村生活污染进行综合治理。

对新增的文得根水利枢纽水源地，敦促建设单位尽快划分文得根水利枢纽饮用水水源地保护区；建立健全水资源保护机构，加强水源地保护、水质监测和污染排放的监督与管理。

2）生态敏感区保护对策措施。根据《风景名胜区条例》及《水产种质资源保护区暂行管理办法》等法规要求，需与受到影响的扎兰屯风景名胜区、绰尔河扎兰屯市段哲罗鲑细鳞鲑国家级水产种质资源保护区管理方协商，征求其意见。同时，堤防工程在设计阶段应编制环境影响专题论证报告，并报相关行政主管部门审批。

3.6.4 跟踪评价方案

根据规划拟建工程情况以及相应的调查监测结果开展跟踪评价。绰尔河流域综合规划环境影响的跟踪评价主要包括以下内容：

（1）本次规划实施的环境影响，重点是绰尔河流域环境质量变化趋势与拟建工程环境影响报告书结论的比较分析。

（2）规划实施中环保对策和措施的落实情况及所采取的预防或者减轻不良环境影响的对策和措施的有效性分析。

（3）根据绰尔河流域环境变化趋势、程度及原因的调查、分析，及时提出优化规划方案或目标的意见和建议，制定补救措施和阶段总结，尽可能减轻规划的环境影响。

（4）在绰尔河干流重要断面安排常规监测，加强生态流量监控。

（5）针对重要生境保护恢复措施的实施效果开展跟踪监测。

3.7 评价结论

本规划对环境以有利影响为主，不利影响在实施预防为主的开发原则下并落实相应的水资源及水生态保护规划、水土保持规划和规划工程的环保措施、优化方案后，可得到不同程度的减免。从环境保护角度分析，《绰尔河流域综合规划》是可行的。

第4章

规划实施效果评价

规划的实施，将进一步健全与流域经济社会发展和生态文明建设相适应的防洪减灾体系、水资源保障体系、水资源及水生态保护体系、流域综合管理体系，能够全面提升流域水安全保障能力，社会效益、生态环境效益和经济效益显著。

4.1 防洪减灾能力显著提高

规划实施后，绰尔河将建成较为完善的防洪体系。堤防及河道整治工程基本完成，规划有防洪任务的水库基本建成，山洪灾害防治措施进一步完善；水文基础设施条件全面改善，洪水预警预报系统、防汛指挥系统全部建成，洪水预报调度更加可靠。

届时，流域防洪保护区达到规划防洪标准，防洪能力大大提高，中小河流、山洪灾害防御能力进一步增强。发生规划标准洪水时，通过工程和非工程防洪措施的联合运用，可以保障防洪保护区的防洪安全，经济社会活动正常进行；发生超标准洪水时，有预定的方案和切实的措施，可最大限度地减少人民群众生命财产损失，保持社会和谐稳定。

4.2 经济社会合理用水需求得到基本满足

规划实施后，通过蓄、引、提等水源工程以及跨流域调水工程建设，流域逐步形成较为完善的水资源安全供给体系。通过水资源合理配置，保障国家粮食主产区、畜牧业基地、健康和良性的生态系统、城镇供水安全等用水需求，农村饮水不安全人口全部解决。流域经济社会用水在正常年份能够达到供需平衡，中等干旱年基本实现供需平衡，特殊干旱年及突发水污染事故时做到有应对措施。通过“引绰济辽”工程的实施，可有效缓解通辽市和兴安盟的严重缺水状况，对保障蒙东地区经济社会协调可持续发展、促进少数民族地区稳定、改善区域生态环境等具有重要意义。

4.3 水资源利用效率和效益显著提高

2030年，一般万元工业增加值净用水量由基准年的43m^3元降低到26m^3，高用水万元工业增加值净用水量由基准年的131m^3降低到96m^3。流域水田灌溉净定额由基准年的569m^3/亩降为553m^3/亩，水浇地净定额从基准年的186m^3/亩提高到195m^3/亩（因为规划水平年内蒙古水浇地比例较高，且定额高），农田灌溉水有效利用系数由基准年的0.62提高到0.66。规划实施后，流域每立方米水产出国内生产总值由现状的28元提高到66元，提高了2倍多。规划的实施，促进了节水型社会建设，显著提高了水资源利用效率和效益。

4.4 水资源及水生态得到保护

规划的实施，可进一步提高饮用水水源地的水资源质量，实现水功能区水质目标，为流域经济社会发展以及国家粮食安全提供水资源保证条件，落实水功能区纳污控制红线，促进绰尔河流域水污染防治规划的有效实施。

规划实施后，保证了河流生态所需的下泄水量，恢复了河流和地下水系统的自然和生态功能，退减了挤占的湖泊湿地生态环境用水，促进了河湖水生态的良性循环。

规划实施后，流域水土流失预防和监督管理力度加大，林草资源和耕地资源得到有效保护，重点区域的水土流失得到有效治理，流域的人为水土流失得到全面控制。

4.5 综合管理能力显著提高

规划实施后，流域涉水事务管理将得到全面规范和加强，流域管理与行政区域管理的关系将进一步理顺，事权划分更加清晰合理，流域管理与行政区域管理相结合的水资源管理体制得到有效落实。洪水风险管理制度、洪水影响评价制度将进一步建立健全，工程和非工程体系进一步完善，防汛抗旱能力得到切实提高。通过加强水资源监管，严格控制用水总量的非理性增长，全面推进节水型社会建设，实行最严格的水资源管理制度，使经济社会发展与水资源承载力和水环境承载力更趋协调。水功能区管理全面加强，流域联合防污工作机制更加完善，河流水质逐步改善。水土流失预防和监督管理力度加大，人为水土流失得到严格控制。河湖管理更加规范和严格。水利信息化进程快速推进，基本实现水利现代化建设目标。

水量分配方案篇

第 5 章

水量分配方案总论

5.1 水量分配方案编制工作情况

为落实《中华人民共和国水法》等法律法规和最严格的水资源管理制度，水利部全面推进用水总量控制指标方案和主要江河流域水量分配方案编制工作。2010 年 12 月，水利部批复了《全国主要江河流域水量分配方案制订（2010 年）任务书》，2010 年启动了包括松辽流域嫩江、松花江吉林省段、东辽河、拉林河在内的第一批共计 25 条河流的水量分配工作，2013 年启动了第二批共计 28 条河流的水量分配工作，其中松辽流域包括松花江干流、诺敏河、绰尔河、雅鲁河、洮儿河、牡丹江、辽河干流、西辽河、柳河 9 条河流。

绰尔河为嫩江右岸一级支流，发源于内蒙古自治区牙克石市绰源镇大兴安岭英吉尔达山脉东坡，自北向南流，过扎兰屯市柴河镇转向东南，过扎赉特旗文得根以后改向东，流经黑龙江省龙江县，在泰来县嫩江江桥水文站上游 9km 处汇入嫩江。绰尔河全长 501.7km，流域面积 17736km^2，行政区域涉及内蒙古自治区和黑龙江省，分别占流域面积的 95.4%和 4.6%。流域多年平均水资源总量为 22.10 亿 m^3，其中地表水资源量 20.80 亿 m^3，地下水资源量 4.86 亿 m^3，不重复量 1.30 亿 m^3。

绰尔河是一条跨省河流，流域内各行业对水资源的需求呈逐年增长趋势，已建工程调蓄能力有限，在枯水年用水高峰期，上下游用水矛盾突出。此外，流域还规划了文得根水利枢纽工程，承担着向水资源紧缺的兴安盟和西辽河流域调水的任务，尽快解决内蒙古、黑龙江两省（自治区）用水的问题显得更加迫切。

为贯彻落实水利部《关于做好水量分配工作的通知》（水资源〔2011〕386号）精神，妥善解决绰尔河流域上、下游的用水矛盾，水利部松辽水利委员会根据《全国主要江河流域水量分配方案制订（2010年）任务书》以及《水量分配方案制订技术大纲（试行稿）》的要求，征求了省（自治区）的意见，于2013年5月编制完成了《绰尔河流域水量分配方案制订工作大纲》。按照工作大纲的要求，在《松花江和辽河流域水资源综合规划》的基础上，与《绰尔河流域综合规划》相衔接，水利部松辽水利委员会于2014年7月编制完成了绰尔河流域水量分配方案。

5.2 河流跨省界情况

绰尔河发源于内蒙古自治区牙克石市绰源镇大兴安岭英吉尔达山东坡，自北向南流，过扎兰屯市柴河镇转向东南，过扎赉特旗文得根以后改向东，流经黑龙江省龙江县，在泰来县江桥镇上游9km处汇入嫩江。自绰尔河两家子断面以上约9km处至两家子断面以下约37km处为内蒙古自治区和黑龙江省界河段，界河段长约为46km。

5.3 水量分配方案制订的目的、任务及技术路线

5.3.1 水量分配方案制订的必要性

（1）水量分配方案制订是推进依法行政的基本要求。《中华人民共和国水法》明确规定：国家对用水实行总量控制和定额管理相结合的制度；根据流域规划，以流域为单元制订水量分配方案。2007年，水利部颁布了《水量分配暂行办法》，对水量分配工作的原则、依据、内容、程序和

监管等进行了规范。因此，水量分配方案制订是落实法律责任、推进依法行政的必然选择。

（2）水量分配方案制订是加强水资源宏观调控、实现以水资源可持续利用支撑经济社会可持续发展的客观需要。绰尔河为嫩江干流一级支流，流域跨内蒙古自治区和黑龙江省。随着经济社会的快速发展、用水需求越来越大，水资源开发利用矛盾加剧，给河流的生态健康、水资源可持续利用带来了重大挑战，为了使水资源得到比较合理的利用，缓解地区间、上下游间以及行业间的用水矛盾，制订绰尔河流域水量分配方案是非常必要的。

（3）水量分配方案制订是落实最严格水资源管理制度的基本要求，是化解地区间水事矛盾的重要手段。制订绰尔河流域水量分配方案，为实现最严格的水资源管理制度、确立水资源开发利用控制红线奠定基础，是化解内蒙古自治区与黑龙江省水事矛盾的重要手段。

（4）水量分配方案制订是保障河道内生态环境用水的要求。随着绰尔河流域经济社会的不断发展，流域对水资源的需求越来越大，因此，迫切需要制订绰尔河流域水量分配方案，保障河道内生态环境用水，确保两家子断面生态环境需水量的要求。

5.3.2 水量分配方案制订的目的

以《松花江和辽河流域水资源综合规划》（以下简称《水资源综合规划》）为基础，与《绰尔河流域综合规划》相衔接，编制绰尔河流域水量分配方案，完善取用水总量控制指标体系，贯彻落实最严格的水资源管理制度，促进水资源合理配置，维系良好生态环境和节约保护水资源。

5.3.3 工作范围及水平年

水量分配范围为绰尔河流域，面积 17736km^2，行政区划包括内蒙古自治区和黑龙江省。

现状年：2013 年。

近期水平年：2020 年。

远期水平年：2030 年。

5.3.4 工作任务

根据《中华人民共和国水法》的有关规定，按照水利部颁布的《水量分配暂行办法》和《全国主要江河流域水量分配方案制订（2010年）任务书》以及《关于做好水量分配工作的通知》（水资源〔2011〕368号）的有关要求，以《水资源综合规划》为基础，与《绰尔河流域综合规划》相衔接，考虑流域已有分水协议及管理实际情况，制订绰尔河流域省际的水量分配方案。

绰尔河流域水量分配方案的主要成果包括：

（1）明确主要控制断面的最小生态环境需水指标。

（2）提出多年平均情况以及$P=50\%$、$P=75\%$、$P=90\%$时分配给各省级行政区的地表水取用水量和地表水耗损水量成果以及绰尔河流域主要控制断面下泄要求等。

5.3.5 总体思路

水量分配的总体思路是按照实行最严格水资源管理制度的要求，以促进水资源节约保护和合理配置为目标，以绰尔河流域为单元，以《水资源综合规划》为基础，与《绰尔河流域综合规划》相衔接，制订绰尔河流域水量分配方案。统筹考虑流域间调水、河道内外用水；统筹考虑干流和支流、上游和下游、左岸和右岸用水；统筹考虑现状用水变化情况和未来发展需求、水资源开发利用和生态环境保护等关系。在优先保障河道内基本用水要求的基础上，确定可用于河道外分配的地表水最大份额，按照取水量和耗损量进行双重控制，并结合主要断面控制指标进行流域管理。

5.3.6 技术路线

（1）收集整理2004—2013年水资源公报成果，对近10年来的水资源及其开发利用状况变化趋势进行分析；对《水资源综合规划》水文系列代表性和需水预测成果进行复核；整理和分析2020年、2030年流域套省级行政区水资源配置方案成果。

（2）根据全国用水总量控制指标确定流域用水总量控制目标，结合流域水资源配置成果，对规划水平年流域套省级行政区多年平均用水总量控制指标进行分解。

(3) 分析流域河道内生态对水资源的需求，依据《水资源综合规划》配置成果和用水总量控制指标，以流域地表水资源可利用量为控制，在保障河道内生态环境用水要求的基础上确定绰尔河流域地表水可分配水量。

(4) 根据流域地表水可分配水量，结合水资源配置成果，与用水总量成果相衔接，综合考虑流域内区域间用水关系，按照水量分配的原则，合理确定流域分配给各省级行政区河道外利用的地表水取用水量份额和地表水耗损量份额。

(5) 根据流域水平衡及其转化关系，按照《水资源综合规划》《绰尔河流域综合规划》确定的河道内生态环境用水要求，合理确定不同来水频率流域内主要控制断面的下泄水量及主要支流入干流河口断面控制下泄量成果。

(6) 从水资源开发利用的合理性、生态环境用水的满足程度、区域平衡性、水量份额匹配性和与已有分水协议的符合性等方面分析水量分配的合理性。

绰尔河流域水量分配方案制订技术路线见图 5.3-1 所示。

5.3.7 主要控制断面

由于绰尔河为四级区河流，为便于对各地区的用水情况进行监督，根据流域水资源分布特点、水文站网布设、重大水利工程、省界控制断面及水资源分区等边界条件，确定两家子和绰尔河河口两个主要控制断面。具体见表 5.3-1。

表 5.3-1　绰尔河流域控制断面设置情况

河流名称	控制断面	备　注
绰尔河干流	两家子	水文站资料较齐全，能控制断面以上用水情况，位于内蒙古、黑龙江两省（自治区）交界处，作为省界控制断面
	绰尔河河口	汇入嫩江的入口，便于控制下泄水量

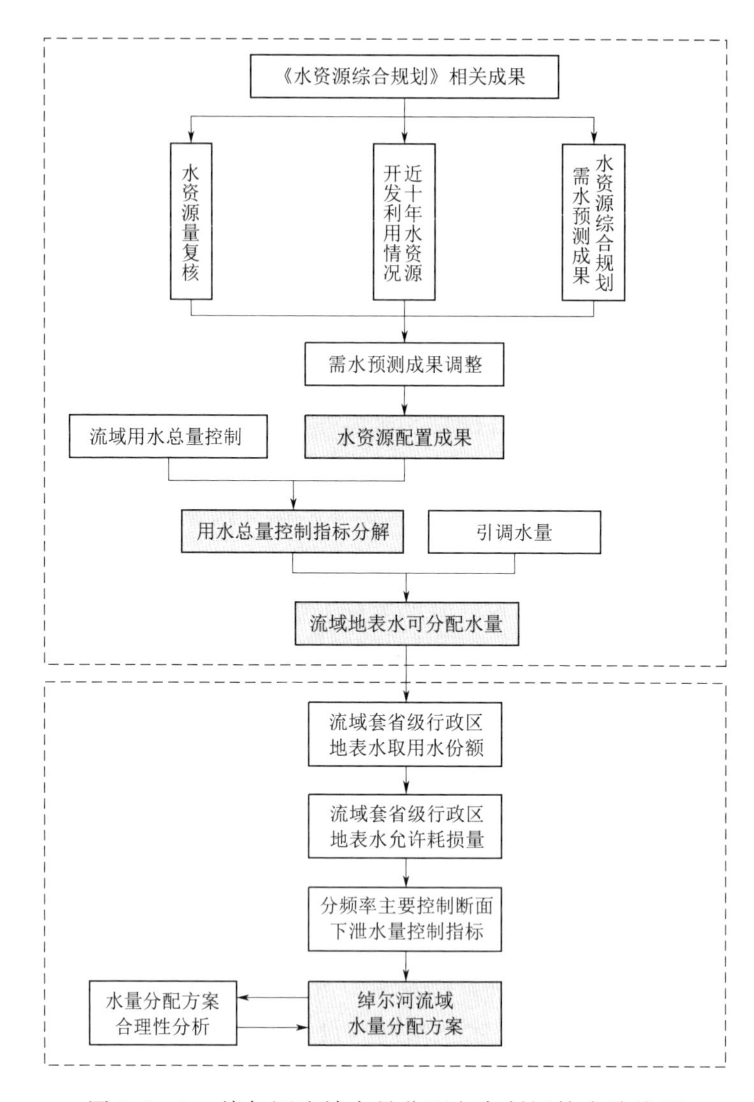

图 5.3-1　绰尔河流域水量分配方案制订技术路线图

5.4 水量分配方案指导思想、分配原则及编制依据

5.4.1 指导思想

认真贯彻新时期中央水利工作方针，坚持习近平总书记“节水优先、空间均衡、系统治理、两手发力”治水思路，按照全面建设资源节约型、

环境友好型社会，以及实行最严格水资源管理制度的要求，以《水资源综合规划》为基础，与《绰尔河流域综合规划》相衔接，统筹协调人与自然的关系、区域之间的关系和兴利与除害、开发与保护、整体与局部、近期与长远的关系，提出绰尔河流域水量分配方案，明晰流域内两省、自治区水量份额，保障饮水安全、供水安全和生态安全，以水资源的可持续利用支撑经济社会的可持续发展。

5.4.2 分配原则

（1）公正公平、科学合理原则。充分考虑各行政区域经济社会和生态环境状况、水资源条件和供用水现状、未来发展的供水能力和用水需求，妥善处理上下游、左右岸的用水关系，做到公平公正。合理确定流域和区域用水总量控制指标，科学制订水量分配方案。

（2）保护生态、可持续利用原则。应正确处理好水资源开发利用与生态环境保护的关系，合理开发利用水资源，有效保护生态环境。通过科学配置生活、生产和生态用水，留足流域河道内生态环境用水，支撑经济社会的可持续发展。

（3）优化配置、促进节约原则。按照全面建设节水型社会的要求，合理确定强化节水条件下水量分配涉及的各相关地区取用水量份额，促进用水效率和效益的提高，抑制经济社会用水地过快增长。

（4）因地制宜、统筹兼顾原则。充分考虑不同区域水资源条件和经济社会发展的差异性，因地制宜、符合实际、便于操作。统筹安排生活、生产、生态用水，综合平衡各地区对水资源和生态环境保护的要求，促进协调发展。遵循《水资源综合规划》等规划成果，严格遵守《绰尔河分水协议》，与《绰尔河流域综合规划》相衔接。

（5）民主协商、行政决策原则。建立科学论证、民主协商、行政决策的水量分配工作机制，充分进行方案比选和论证，广泛听取各方意见，民主协商，为科学行政决策提供坚实保障。

5.4.3 编制依据

5.4.3.1 法律、法规及规章

（1）《中华人民共和国水法》。

(2)《中华人民共和国环境保护法》。

(3)《取水许可和水资源费征收管理条例》(国务院令第 460 号)。

(4)《水量分配暂行办法》(水利部令第 32 号)。

(5)《取水许可管理办法》(水利部令第 34 号)。

5.4.3.2 国家、行业、地方标准

(1)《江河流域规划编制规范》(SL 201—2015)。

(2)《水资源评价导则》(SL/T 238—1999)。

(3)《评价企业合理用水技术通则》(GB/T 7119—1993)。

(4)《节水灌溉工程技术标准》(GB/T 50363—2018)。

(5) 内蒙古自治区地方标准《用水定额》(DB22/T 389—2014)。

(6) 黑龙江省地方标准《用水定额》(DB23/T 727—2017)。

(7)《水资源供需预测分析技术规范》(SL 429—2008)。

5.4.3.3 技术性文件

(1)《中华人民共和国国民经济和社会发展第十一个五年规划纲要》《中华人民共和国国民经济和社会发展第十二个五年规划纲要》。

(2)《松花江和辽河流域水资源综合规划》。

(3)《松花江流域综合规划(2012—2030 年)》。

(4)《绰尔河流域综合规划》水资源配置成果。

(5)《振兴东北老工业基地水利规划报告》。

(6)《全国水资源综合规划技术细则》。

(7)《全国用水总量控制及江河流域水量分配方案制定技术大纲》。

(8)《绰尔河、诺敏河流域水量分配方案制订工作大纲》。

(9)《绰尔河分水协议》。

(10)《绰勒水利枢纽工程初步设计报告》。

(11)《引绰济辽工程规划报告》。

(12)《松辽流域水资源公报》(2004—2013 年)。

(13)《嫩江流域水量分配方案》。

第6章

水量分配方案

6.1 流域水资源配置

6.1.1 水资源配置的总体思路

绰尔河流域分水协议：为充分利用绰尔河水源，上下游统筹兼顾，共同发展，中央曾于1950年规定了分水比例：扎赉特旗为58%，泰来县为24%，龙江县为18%；并规定扎赉特旗在绰尔河音德尔以上发展的六百垧稻田不纳入分水比例。为了正确贯彻执行这一比例，同时决定三县旗成立联合水管会，统一管理绰尔河用水问题。但由于扎、泰双方在执行规定过程中，对某些条款含义领会不同，在用水上发生了一些争执。

1952年4月24日东北和内蒙古用水纠纷问题协商结果：绰尔河音德尔以下1950年双方成立的用水暂行规定中所规定的分水比例，系根据当时条件订立，在未产生新的合理规定以前仍适用。如将来水利管理委员会成立以后，可根据工程与用水管理改善的条件，重新合理调整，以旗、县双方均能发展灌溉面积。

为满足流域经济社会的需水要求，合理调配水资源，本次水量分配水资源配置方案2030年考虑建设文得根水利枢纽，并实施引绰济辽工程。

地下水按照属地原则参与水资源配置，以可开采量进行控制，但不参与本次江河流域水量分配。

6.1.2 跨流域水资源配置

（1）引绰济辽工程。跨流域水资源配置是解决流域间水资源分布不均的有效手段。2030年绰尔河流域规划跨流域调水工程1处，为引绰济辽工程。

《辽河流域综合规划》中，推荐绰尔河引水工程多年平均引水量6亿m^3。调水量与当地水源联合配置后，可有效保障当地经济社会发展对水资源的需求，在一定程度上解决西辽河流域缺水问题，远期效益显著。

目前，《引绰济辽工程规划报告》（2012年7月）已得到水利部的批复（水利部〔2012〕494号），初定工程调水线路为：输水工程头部为上坝址文得根水库取水口，输水线路中部受到吉林省界的限制，在吉林省界位置需要向西绕线布置，线路布置到达突泉县戴家屯附近穿过山体，然后地形过渡到平原地区，线路受到科尔沁国家自然保护区和乌力胡舒湿地自然保护区的限制，沿两保护区西侧边缘通过，最后到达尾部四合屯高位水池（双管）或莫力庙水库附近的事故调蓄水池（单管）。设计水平年2030年引水量6亿m^3，通过400.60km引绰济辽输水工程线路，可基本解决通辽市的水资源供需矛盾。

根据《引绰济辽工程文得根水利枢纽及乌兰浩特输水段项目建议书》批复的水库规模，对绰尔河流域进行供需平衡计算，经复核，水库在满足本流域用水经济社会发展用水的情况下，设计水平年调水6亿m^3，多年平均调水量5.65亿m^3。

（2）宏胜水库引水。流域外位于嫩江干流区间泰来县的宏胜水库在每年灌溉临界期（5—6月）后的7—11月引水，多年平均从绰尔河流域引水量为0.2亿m^3。

6.1.3 不同行业水资源配置

2020年，绰尔河流域河道外配置水量为6.23亿m^3，其中，城镇生活用水为0.06亿m^3、农村生活用水为0.06亿m^3、城镇生产用水为0.27亿m^3、农村生产用水5.83亿m^3、城镇生态用水0.01亿m^3；调出水量 0.20 亿 m³。

2030 年，绰尔河流域河道外配置水量为 6.33 亿 m³，其中，城镇生活用水为 0.07 亿 m³、农村生活用水为 0.06 亿 m³、城镇生产用水为 0.48 亿 m³、农村生产用水 5.71 亿 m³、城镇生态用水 0.01 亿 m³；调出水量 5.85 亿 m³。绰尔河流域多年平均不同行业水资源配置成果见表 6.1-1。

表 6.1-1　绰尔河流域多年平均不同行业水资源配置成果　单位：亿 m³

省（自治区）	水平年	不同行业							调出水量
		城镇生活	农村生活	城镇生产	农村生产	城镇生态	农村生态	小计	
内蒙古	2020 年	0.05	0.05	0.26	4.51	0.01	0.00	4.89	0.00
	2030 年	0.06	0.05	0.47	4.39	0.01	0.00	4.98	5.65
黑龙江	2020 年	0.01	0.01	0.01	1.32	0.00	0.00	1.34	0.20
	2030 年	0.01	0.01	0.01	1.32	0.00	0.00	1.35	0.20
流域合计	2020 年	0.06	0.06	0.27	5.82	0.01	0.00	6.23	0.20
	2030 年	0.07	0.06	0.48	5.71	0.01	0.00	6.33	5.85

6.1.4 不同水源水资源配置

2020 年，绰尔河流域河道外配置水量为 6.23 亿 m³，地表水配置水量 5.02 亿 m³、地下水配置水量 1.21 亿 m³；调出水量 0.20 亿 m³。

2030 年，绰尔河流域河道外配置水量为 6.33 亿 m³，地表水配置水量 5.05 亿 m³，地下水配置水量 1.28 亿 m³；调出水量 5.85 亿 m³。绰尔河流域多年平均不同水源水资源配置情况详见表 6.1-2。

表 6.1-2　绰尔河流域多年平均不同水源水资源配置　单位：亿 m³

省（自治区）	水平年	不同水源			调出水量
		地表水	地下水	小计	
内蒙古	2020 年	3.99	0.90	4.89	0.00
	2030 年	4.01	0.97	4.98	5.65

续表

省（自治区）	水平年	不 同 水 源			调出水量
		地表水	地下水	小计	
黑龙江	2020 年	1.03	0.31	1.34	0.20
	2030 年	1.03	0.32	1.35	0.20
流域合计	2020 年	5.02	1.21	6.23	0.20
	2030 年	5.05	1.28	6.33	5.85

（1）地下水资源配置。绰尔河流域多年平均地下水可开采量为 1.64 亿 m^3，2013 年浅层地下水开发利用程度为 123.4%，已超采。2020 年、2030 年地下水配置量分别为 1.21 亿 m^3、1.28 亿 m^3，分别占地下水可开采量的 73.7%、78.4%，规划水平年退还已超采的地下水，实现浅层地下水不超采，深层地下水不开采的目标。

（2）地表水资源配置。绰尔河流域地表水资源量为 20.80 亿 m^3，2013 年地表水供水量为 2.56 亿 m^3，开发利用程度为 12.1%，相对较低。2020 年、2030 年地表水资源开发利用程度分别为 25.1%、52.4%。2030 年地表水资源开发利用程度增幅较大是引绰济辽工程向外流域调水所致。

6.2 绰尔河用水总量控制指标分解

根据《水资源综合规划》《嫩江流域水量分配方案》以及《绰尔河流域综合规划》水资源配置方案提出绰尔河流域用水总量控制指标，该成果与《绰尔河流域综合规划》水资源配置成果一致。绰尔河流域用水总量控制指标成果见表 6.2-1。

表 6.2-1　绰尔河流域用水总量控制指标成果　单位：亿 m^3

省（自治区）	水平年	地表水	地下水	合计
内蒙古	2020 年	3.99	0.90	4.89
	2030 年	4.01	0.97	4.98
黑龙江	2020 年	1.03	0.31	1.34
	2030 年	1.03	0.32	1.35
流域合计	2020 年	5.02	1.21	6.23
	2030 年	5.05	1.28	6.33

6.3 绰尔河水量分配方案

《水量分配暂行办法》(水利部令第32号)第二条规定，水量分配是对水资源可利用总量或者可分配的水量向行政区域进行逐级分配，确定行政区域生活、生产可消耗的水量份额或者取用水水量份额。可分配的水量是指在水资源开发利用程度已经很高或者水资源丰富的流域和行政区域、或者水流条件复杂的河网地区以及其他不适合以水资源可利用总量进行水量分配的流域和行政区域，按照方便管理、利于操作和水资源节约与保护、供需协调的原则，统筹考虑生活、生产和生态与环境用水，确定的用于分配的水量。

《水量分配方案制订技术大纲（试行稿）》规定，本次流域水量分配方案制订工作分配的是本流域地表水可分配水量，是指在控制流域内各省级行政区地下水合理开采的前提下，按照本流域用水总量控制目标，与《绰尔河流域综合规划》确定的水资源配置方案相衔接，以地表水资源可利用量为控制，在保障河道内生态环境用水要求的基础上，确定的可用于河道外分配的本流域地表水最大水量份额，可以用水量和耗水量的口径表述。

根据《水量分配暂行办法》和《水量分配方案制订技术大纲（试行稿）》，并结合流域实际，绰尔河流域水量分配方案的制订以地表水用水量为主，同时提出地表水耗损量及主要控制断面下泄水量。

流域水量分配的对象是本流域的地表水；水量分配方案制订不包括调入本流域的水量，但包括本流域调出的水量。

6.3.1 流域可分配水量

本次水量分配是以流域为单元，在控制流域内各省（自治区）级行政区地下水合理开采的前提下，以《绰尔河流域综合规划》配置方案为依据，按照本次水量分配取用水总量控制指标，扣除河道内生态环境用水后，确定流域地表水分配水量份额（即可分配水量），提出两省（自治区）的地表水可分配水量和耗损量指标。

地下水按照属地原则参与水资源配置，以可开采量进行控制，不参与本次江河流域水量分配。

为满足流域经济社会的需水要求，合理调配水资源，规划建设文得根水利枢纽，以满足本流域下游灌区的用水及向辽河流域调水的要求。水资源配置方案 2020 年按无文得根水利枢纽，2030 年按有文得根水利枢纽并实施调水方案进行配置。

6.3.1.1 河道内生态环境需水保障情况

根据《河湖生态环境需水计算规范》（SL/T 712），采用 1956—2010 年 55 年系列两家子天然流量，按照 Tennant 法计算绰尔河的生态需水。通过 1956—2010 年长系列供需平衡计算，水量分配方案能够满足两家子断面最小生态环境流量的要求。绰尔河最小生态流量成果见表 6.3-1。

表 6.3-1 绰尔河最小生态流量成果表

控制断面	年均径流量/万 m^3	非汛期/(m^3/s)	汛期/(m^3/s)
两家子	200751	6.4	19.2

注 当枯水期的天然流量小于上述控制流量时，按天然流量下泄。

6.3.1.2 地下水源配置情况

绰尔河流域多年平均地下水可开采量为 1.64 亿 m^3，根据水资源配置成果 2020 年、2030 年地下水配置水量分别为 1.21 亿 m^3、1.28 亿 m^3，实现浅层地下水不超采，深层地下水不开采的目标。

6.3.1.3 跨流域水资源配置

2030 年建成文得根水利枢纽，实施引绰济辽工程，多年平均调出水量 5.65 亿 m^3，取水口位于文得根水利枢纽库区，输水线路末端为通辽地区受水区。

流域外位于嫩江干流区间泰来县的宏胜水库在每年灌溉临界期（5—6 月）后的 7—11 月引水，多年平均从绰尔河流域引水量为 0.2 亿 m^3。

6.3.1.4 流域地表水可分配水量确定

2020 年、2030 年绰尔河流域水资源配置能够保障河道内生态环境用水要求，地下水配置水量没有超过可开采量。经计算，2030 年绰尔河流域地表水多年平均可分配水量为10.89亿m^3，耗损量为9.75亿m^3。绰尔河流域多年平均、50%、75%和90%来水频率地表水可分配水量成果见表6.3-2，耗损量见表6.3-3。

表6.3-2　　绰尔河流域地表水可分配水量表　　单位：亿m^3

水平年	频率	本流域地表水用水量	跨流域调出	地表水可分配水量
2020年	多年平均	5.02	0.20	5.22
	$P=50\%$	5.25	0.20	5.45
	$P=75\%$	5.65	0.20	5.85
	$P=90\%$	3.64	0.20	3.84
2030年	多年平均	5.04	5.85	10.89
	$P=50\%$	5.16	6.20	11.36
	$P=75\%$	5.55	6.20	11.75
	$P=90\%$	4.02	5.00	9.02

表6.3-3　　绰尔河流域地表水耗损量表　　单位：亿m^3

水平年	频率	本流域地表水耗损量	跨流域调出	地表水耗损量
2020年	多年平均	3.97	0.20	4.17
	$P=50\%$	4.16	0.20	4.36
	$P=75\%$	4.47	0.20	4.67
	$P=90\%$	2.86	0.20	3.06
2030年	多年平均	3.90	5.85	9.75
	$P=50\%$	4.00	6.20	10.20
	$P=75\%$	4.30	6.20	10.50
	$P=90\%$	3.07	5.00	8.07

6.3.2 河道外水量分配方案

6.3.2.1 地表水分配水量

根据对绰尔河流域河道内外用水平衡分析，流域在保证河道内生态环境用水的条件下，协调上下游用水关系，调整行业用水结构，多年平均条件下，2020 年流域地表水分配水量为 5.22 亿 m^3，其中调出水量 0.20 亿 m^3；2030 年流域地表水分配水量为 10.89 亿 m^3，其中调出水量 5.85 亿 m^3。

根据《水量分配方案制订技术大纲（试行稿）》要求，水量分配方案除提出多年平均情形下的水量分配方案成果外，还应根据水资源管理工作的需要，分别提出 50%、75%和 90%不同频率地表水分配水量成果，详见表 6.3-4。

表 6.3-4　　不同频率地表水分配水量成果表　　单位：亿 m^3

省（自治区）	水平年	频率	合计	本流域	调出
内蒙古	2020 年	多年平均	3.99	3.99	0.00
		P=50%	4.24	4.24	0.00
		P=75%	4.51	4.51	0.00
		P=90%	2.64	2.64	0.00
	2030 年	多年平均	9.66	4.01	5.65
		P=50%	10.15	4.15	6.00
		P=75%	10.41	4.41	6.00
		P=90%	7.82	3.02	4.80
黑龙江	2020 年	多年平均	1.23	1.03	0.20
		P=50%	1.21	1.01	0.20
		P=75%	1.34	1.14	0.20
		P=90%	1.20	1.00	0.20
	2030 年	多年平均	1.23	1.03	0.20
		P=50%	1.21	1.01	0.20
		P=75%	1.34	1.14	0.20
		P=90%	1.20	1.00	0.20
流域合计	2020 年	多年平均	5.22	5.02	0.20
		P=50%	5.45	5.25	0.20
		P=75%	5.85	5.65	0.20
		P=90%	3.84	3.64	0.20
	2030 年	多年平均	10.89	5.04	5.85
		P=50%	11.36	5.16	6.20
		P=75%	11.75	5.55	6.20
		P=90%	9.02	4.02	5.00

2020 年，内蒙古自治区多年平均地表水分配水量 3.99 亿 m^3，黑龙江省多年平均地表水分配水量 1.23 亿 m^3；2030 年，内蒙古自治区多年平均地表水分配水量 9.66 亿 m^3，黑龙江省多年平均地表水分配水量 1.23 亿 m^3。

流域不同来水情况下内蒙古自治区和黑龙江省水量份额，应由水利部松辽水利委员会会同内蒙古自治区和黑龙江省水行政主管部门根据松花江和辽河流域水资源综合规划成果、河道外地表水多年平均水量分配方案，结合流域水资源特点、来水情况、区域用水需求、水源工程调蓄能力及河道内生态用水需求，按照丰增枯减的原则，在绰尔河流域水量调度方案中确定。

6.3.2.2 地表水资源耗损量

根据规划水平年分行业用水情况及耗损率，计算得到流域本地地表水耗损量。多年平均条件下，2020 年流域地表水总耗损量为 4.17 亿 m^3，其中，本流域地表水耗损量为 3.97 亿 m^3，向外流域调水耗损量为 0.20 亿 m^3；2030 年流域地表水总耗损量为 9.75 亿 m^3，其中，本流域地表水耗损量为 3.90 亿 m^3，向外流域调水耗损量为 5.85 亿 m^3。不同频率地表水耗损量详见表 6.3-5。

表 6.3-5　　不同频率地表水耗损量成果表　　单位：亿 m^3

省（自治区）	水平年	频率	合计	本流域	调出
内蒙古	2020 年	多年平均	3.15	3.15	0.00
		$P=50\%$	3.35	3.35	0.00
		$P=75\%$	3.56	3.56	0.00
		$P=90\%$	2.07	2.07	0.0
	2030 年	多年平均	8.73	3.08	5.65
		$P=50\%$	9.19	3.19	6.00
		$P=75\%$	9.39	3.39	6.00
		$P=90\%$	7.08	2.28	4.80
黑龙江	2020 年	多年平均	1.02	0.82	0.20
		$P=50\%$	1.01	0.81	0.20
		$P=75\%$	1.11	0.91	0.20
		$P=90\%$	0.99	0.79	0.20

续表

省（自治区）	水平年	频率	合计	本流域	调出
黑龙江	2030 年	多年平均	1.02	0.82	0.20
		$P=50\%$	1.01	0.81	0.20
		$P=75\%$	1.11	0.91	0.20
		$P=90\%$	0.99	0.79	0.20
流域合计	2020 年	多年平均	4.17	3.97	0.20
		$P=50\%$	4.36	4.16	0.20
		$P=75\%$	4.67	4.47	0.20
		$P=90\%$	3.06	2.86	0.20
	2030 年	多年平均	9.75	3.90	5.85
		$P=50\%$	10.20	4.00	6.20
		$P=75\%$	10.50	4.30	6.20
		$P=90\%$	8.07	3.07	5.00

2020 年内蒙古自治区多年平均地表水耗损量 3.15 亿 m^3；黑龙江省多年平均地表水耗损量 1.02 亿 m^3，其中调出 0.20 亿 m^3。2030 年内蒙古自治区多年平均地表水耗损量 8.73 亿 m^3，其中调出 5.65 亿 m^3；黑龙江省多年平均地表水耗损量 1.02 亿 m^3，其中调出 0.20 亿 m^3。

6.3.3 下泄水量控制方案

根据绰尔河流域河流水系范围及行政区分布特点、水文站网布设、控制性工程分布及流域水资源管理和调度的要求，从流域上游至出口依次选择两家子和流域出口两处下泄水量控制断面。两家子断面作为控制断面能够监测省界断面水量，并按照分水协议进行分水，防止水事纠纷；流域出口断面作为控制断面能够监测汇入嫩江的水量，间接保证嫩江干流大赉断面的生态用水要求及松花江干流哈尔滨断面的生态和航运用水要求。

不同水平年不同来水条件下两家子和流域出口两个控制断面下泄水量见表 6.3-6。

多年平均条件下，2020 年两家子断面控制下泄水量为 17.88 亿 m^3，流域出口断面控制下泄水量为 16.79 亿 m^3；2030 年两家子断面控制下泄水量为 11.11 亿 m^3，流域出口断面控制下泄水量为 10.65 亿 m^3。

表 6.3-6　绰尔河流域控制断面下泄水量控制指标　单位：亿 m^3

控制断面	水平年	频率	资源量	耗损量	其他损失	地下水回归	水库蓄变量	下泄量
两家子	2020 年	多年平均	20.01	2.08	0.21	0.16	0.00	17.88
		$P=50\%$	16.95	2.09	0.24	0.16	0.00	14.78
		$P=75\%$	11.75	2.29	0.24	0.16	−0.03	9.41
		$P=90\%$	4.81	1.56	0.23	0.16	−0.81	3.99
	2030 年	多年平均	20.01	8.26	0.83	0.19	0.00	11.11
		$P=50\%$	16.95	8.63	0.92	0.19	−0.20	7.79
		$P=75\%$	11.75	8.74	0.96	0.19	−1.58	3.82
		$P=90\%$	4.81	6.82	0.81	0.19	−6.04	3.41
流域出口	2020 年	多年平均	20.80	4.17	0.21	0.39	0.00	16.79
		$P=50\%$	17.56	4.36	0.24	0.38	0.00	13.35
		$P=75\%$	11.89	4.67	0.24	0.41	−0.03	7.42
		$P=90\%$	4.77	3.06	0.23	0.41	−0.81	2.70
	2030 年	多年平均	20.80	9.75	0.83	0.43	0.00	10.65
		$P=50\%$	17.56	10.20	0.92	0.42	−0.20	7.06
		$P=75\%$	11.89	10.50	0.96	0.45	−1.58	2.46
		$P=90\%$	4.77	8.07	0.81	0.45	−6.04	2.38

注　耗损量指本流域地表水耗损量；其他损失指水库蒸发渗漏损失及流域汇流损失之和；水库蓄变量负值表示水库供水，正值表示水库蓄水；两家子断面以上耗损量含两家子以下部分灌区耗损量。

6.4 水资源调度与管理

6.4.1 水库兴利调度

6.4.1.1 文得根水利枢纽

文得根水利枢纽是一座以调水为主、灌溉结合发电的大型水库。坝址以上流域面积1.24万km^2，多年平均年径流量18.36亿m^3。水库总库容19.82亿m^3，死库容1.29亿m^3，兴利库容15.84亿m^3。电站装机容量为43MW，保证出力1.71MW，多年平均年发电量为0.78亿kW·h。

根据引绰济辽工程规划成果，文得根水利枢纽是引绰济辽的水源工程，设计年最大调水量6亿m^3。输水线路起点为水源工程文得根水库，输水线路末端为通辽地区受水区。

供水范围：文得根水库至绰勒水库兴安盟、绰勒水库至两家子兴安盟、两家子至绰尔河河口兴安盟和两家子至绰尔河河口齐齐哈尔市。当库水位高于死水位时，水库按照下游供水任务供水；当水库水位消落到死水位时，水库按来水量供水。在满足本流域用水的前提下，实施绰尔河引水工程，水库为文得根水库至绰勒水库兴安盟、绰勒水库至两家子兴安盟、两家子至绰尔河河口兴安盟和两家子至绰尔河河口齐齐哈尔市的农村生产供水和河道内生态环境补水。

水库调度规则如下：

(1) 按照死水位与正常高水位控制。死水位351.00m，相应库容1.29亿m^3；正常高水位378.00m，相应库容17.13亿m^3。

(2) 水库下泄按文得根最小生态需水量控制。非汛期流量5.8m^3/s，汛期流量17.4m^3/s，枯水期的天然流量小于5.8m^3/s时，按天然流量下泄。

(3) 两家子断面的生态需水量作为水库的用水户考虑。

按照上述水库调度原则，经调节计算能够满足文得根水库至绰勒水库兴安盟、绰勒水库至两家子兴安盟、两家子至绰尔河河口兴安盟和两家子至绰尔河河口齐齐哈尔市的农业灌溉保证率，文得根水利枢纽多年平均生态补水量1.18亿m^3，能够满足两家子断面最小生态环境流量要求。文得根水库不同频率下生态补水量见表6.4-1。

表6.4-1　　文得根水库不同频率下生态补水量

频率	$P=50\%$	$P=75\%$	$P=90\%$	多年平均
补水量/亿m^3	1.02	1.68	2.27	1.18

6.4.1.2 绰勒水利枢纽

绰勒水利枢纽是一座以灌溉为主，结合防洪、发电等综合利用的大型水利工程，电站总装机容量10.5MW，多年平均年发电量0.35亿kW·h。水库死库容0.23亿m^3，兴利库容1.54亿m^3，防洪库容0.31亿m^3，总库容为2.6亿m^3。

供水范围：绰勒水库至两家子兴安盟和两家子至绰尔河河口兴安盟，在文得根水利枢纽未建成之前，绰勒水库承担河道内生态环境补水任务。

水库径流调节计算原则为：当库水位高于死水位时，水库在灌溉期内按满足下游灌溉用水要求放流发电，当水库水位消落到死水位时，水库按来水量供水发电。

经调节计算，水库放流能够满足绰勒水库至两家子兴安盟和两家子至绰尔河河口兴安盟的农业灌溉保证率，在文得根水利枢纽未建成之前，绰勒水库多年平均生态补水量4439万m^3，能够满足两家子断面最小生态环境流量要求。

6.4.2 水库调度管理

文得根水利枢纽为绰尔河上规划的大型水利枢纽，位于绰尔河流域的内蒙古自治区境内，承担着下游两省（自治区）的供水任务，水库的调度应满足农业灌溉需要和河道最小生态环境需水量的要求；绰勒水库为已建水库，现状由内蒙古自治区管理。建议与水量分配相关的水库调度应根据流域管理需要纳入流域统一调度；各省（自治区）人民政府水行政主管部门负责所辖范围内的重要水库年度调度计划应由水利部松辽水利委员会批准后实施。

6.5 水量分配方案合理性分析

6.5.1 流域水资源开发利用程度分析

绰尔河流域地表水资源量20.80亿m^3，可利用量10.75亿m^3，2030年本流域地表水供水量为10.89亿m^3，开发利用程度为52.4%，地表水耗损量为9.75亿m^3，耗损量占水资源可利用量的90.8%，水资源开发利用量和耗损量均在水资源承载能力范围内，绰尔河流域多年平均地表水开发利用程度详见表6.5-1。

表6.5-1 绰尔河流域多年平均地表水开发利用程度

地表水资源量/亿m^3	地表水可利用量/亿m^3	地表水供水量/亿m^3	耗损量/亿m^3	开发利用程度/%	耗损率/%
20.80	10.75	10.89	9.75	52.4	90.8

6.5.2 河道内最小生态流量分析

绰尔河流域水资源配置首先满足河道内生态环境需水要求，从配置结果总体来看，能够满足各断面最小生态流量要求。绰尔河流域各控制断面河道内生态流量见图6.5-1和表6.5-2。

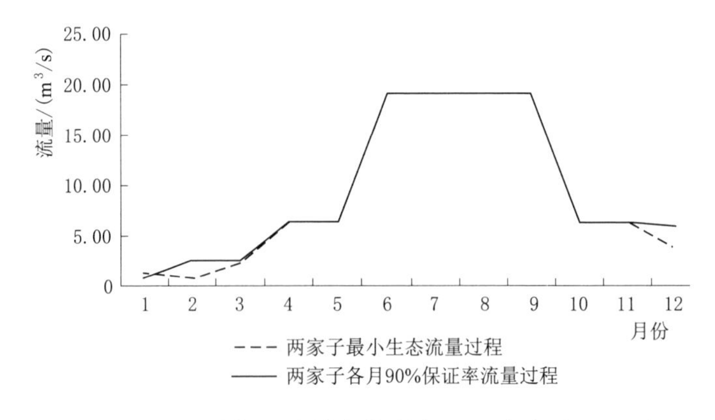

图6.5-1 绰尔河流域各控制断面生态流量过程图

表 6.5-2 绰尔河流域最小生态流量控制指标表 单位：m^3/s

控制断面	非汛期	汛期
两家子	6.4	19.2

注 当枯水期的天然流量小于上述控制流量时，按天然流量下泄。

6.5.3 与已有规划成果、分水协议符合情况

本次水量分配在充分考虑分水协议的基础上，制订了水资源配置方案。按分水协议规定的分水比例：扎赉特旗为58%，泰来县为24%，龙江县为18%；并规定扎赉特旗在绰尔河音德尔以上发展的六百垧稻田不纳入分水比例。本次水量分配成果符合《松花江和辽河流域水资源综合规划》，与《绰尔河流域综合规划》成果一致，确定的各省（自治区）灌溉发展规模能够满足流域未来发展需求，基本符合分水协议的要求。

6.5.4 水量分配方案效果分析

冰冻期生态基流采用90%最枯月流量，是保障河道基本不断流、维持水体生态情况不持续恶化所需要的最小流量。在水资源配置过程中，用水次序依次为生活用水、河道内最小生态环境用水、工业及城镇用水、农业及河道外生态用水，最大限度地保障河道内最小生态流量的需求。水量分配方案使河道内生态需水得到保障，通过水资源合理配置措施，增加和改善河道内生态环境用水状况及用水过程，水生态环境将得到改善。

通过严格控制经济社会活动的用水总量，限制对水资源的过度开发；通过合理安排生活、生产和生态用水，增强对水资源的统筹调配能力；通过各项综合措施提高水资源的利用效率，抑制需求过度增长；通过保障生态环境用水和抑制人类对水资源的过度消耗，保护和修复生态环境。

水量分配方案的实施，将使流域用水效率有所提高，防止用水浪费现象，缓解流域用水矛盾和水生态环境恶化趋势，满足流域内生活、生产、生态用水，提高流域内灌溉保证率，实现绰尔河流域水资源优化配置和可持续利用，促进经济社会可持续发展。

第7章

水量分配方案保障措施

7.1 组织保障

建立松花江流域水资源调度联席会议制度，实行首席代表和副代表制度。水利部松辽水利委员会（以下简称“松辽委”）、各省（自治区）人民政府水行政主管部门任命首席代表各1人，作为松花江流域水资源调度的首席代表，松辽委由主管水资源工作的副主任担任，省（自治区）人民政府水行政主管部门由水利厅主管水资源工作厅领导担任；松辽委、各省（自治区）人民政府水行政主管部门任命副代表各1人，由松辽委及相关省（自治区）人民政府水行政主管部门负责水资源管理工作的负责人组成，松辽委副代表由水资源处处长担任，各省（自治区）副代表由水利厅水（政水）资源（节水）处处长担任。联席会议由松辽委根据工作需要定期或不定期召集，相关省（自治区）人民政府水行政主管部门首席代表或副代表参加，旨在通报和研究解决流域水资源调度工作中的重大情况和问题，参加联席会议各方达成共识并组织实施。流域水资源调度工作办公室设在松辽委水资源管理处，承担水资源调度日常事务，负责与相关省（自治区）相关事宜的联系沟通。

联席会议通报和研究解决的主要内容包括：①负责水资源调度方案组织编制与实施，主要包括编制现有工程条件下近期水资源调度方案、年度水量分配方案、年度水资源调度计划、应急调度方案和年度水资源调度计划调整及评估；②负责协调省际水资源调度出现的矛盾和纠纷；③负责水资源调度相关的制度制定，包括水资源调度监督管理、取用水实时监控及信息共享等相关制度；④其他确需联席会议解决的流域水资源调度工作的重大情况和问题。

首席代表负责流域重大水问题的协商和决定，流域水资源调度工作办公室负责日常工作，各省（自治区）参与调度方案编制与制订及与本省（自治区）其他行业信息沟通，负责省内水资源调度方案落实监督及信息上报。

7.2 机制保障

（1）建立水资源调度方案制订机制。文得根水库及绰勒水库年度调度计划由水库管理部门编制后，应上报流域水资源调度工作办公室，经联席会议组织审定、审批后方可实施。

（2）建立应急调度协商机制。当出现严重干旱或重大水污染事故等情况时，松辽委召集应急水资源调度联席会议，协商各省（自治区）人民政府水行政主管部门编制应急调度方案并组织实施。各省（自治区）人民政府水利、电力、交通等相关部门和主要水利工程管理单位应按照联席会议纪要，积极配合流域水资源调度工作办公室执行应急调度方案。

（3）建立水资源调度信息共享机制。建立流域水资源调度管理信息共享平台，建立信息上报制度，各省（自治区）年度取水计划、大型水库年度调度计划、流域雨水情、重要工程蓄泄水情况、重要用水户取退水等实时信息应及时上传信息平台，实现信息共享，实行公开、透明的水资源阳光调度。

（4）建立水资源调度监督机制。水资源调度计划执行由流域水资源调度工作办公室负责组织监督和评估，各省（自治区）人民政府水行政主管部门应对省内取用水进行监督管理，严格落实年度取用水计划，流域水资源调度工作办公室应将水资源调度执行情况和评估结果向各省（自治区）水行政主管部门通报。

（5）加大水资源保护力度。加强入河排污口和水功能区监督管理，全面推行水功能区限制纳污总量控制。加大水污染防治力度，有效控制工业、城镇生活和农业农村水污染。严格饮用水水源地保护，切实保障供水安全。加强水质动态监测，提高应对突发性重大水污染事件的处置能力。

7.3 技术保障

为更好地保障绰尔河流域水量分配方案服务于流域水资源管理，应加快流域水量分配方案实时监控系统建设。抓紧制定绰尔河流域水资源监测、用水计量与统计等管理办法，健全相关技术标准体系。绰尔河流域水量分配方案设定的干流控制断面为两家子和流域出口，其中两家子断面为国控水文站，为绰尔河流域水量分配方案的执行奠定了良好的监测基础；绰尔河流域通过文得根水库向外流域调水，应在调水断面建立监测设备，监测调水量；绰尔河流域出口断面现状未设监测站，而且由于建站条件不理想，对该断面的水量监控可利用离流域出口最近的国控水文站两家子站，通过区间水量平衡推算流域出口下泄量。控制断面水文监测由所在的有关省、自治区人民政府水行政主管部门直属的水文部门承担。

为保证控制断面下泄水量控制指标能够实现，对干流上大型灌区和重要引水工程等取用水户的取退水应进行实时监控，并考虑与流域内各省（自治区）的取用水户取退水远程实时监控系统连接，建成覆盖全流域的取用水户取退水远程实时监控系统。

针对流域水量分配过程中流域水资源控制断面、重要取用水户的监控，制订实施水量分配监控方案，主要内容应包括监控体系建设、运行和维护管理办法、监控站点监控和信息上报、预警方案和调控措施、管理单位和监控对象权责等。

7.4 制度保障

水量分配方案批准后，松辽委应组织制订松花江流域水资源调度管理办法，建立完善的水资源调度联席会议、信息共享及监督管理等制度；各省（自治区）政府应按照绰尔河流域水量分配方案和年度水量调度计划执行流域水资源统一调度。

水量调度方案篇

第8章

水量调度方案总论

8.1 总论

实施江河流域水量分配和统一调度，是《中华人民共和国水法》确立的水资源管理重要制度，是落实最严格水资源管理制度，合理配置和有效保护水资源，加强水生态文明建设的关键措施。2018年7月，水利部印发《水利部关于做好跨省江河流域水量调度管理工作的意见》（水资源〔2018〕144号，以下简称《意见》），明确了跨省江河流域水量调度管理工作的总体要求和主要任务，确定了流域管理机构和地方水行政主管部门的监管职责，要求全面落实水量分配方案，强化水量调度管理，提升水资源开发利用监管能力，加快形成目标科学、配置合理、调度优化、监管有力的流域水量调度管理体系，实现水资源可持续利用。

绰尔河是全国第二批开展水量分配的河流，2016年水利部以水资源〔2016〕269号文对水量分配方案进行了批复。根据批复文件要求，松辽委要组织制订流域水量调度方案、年度水量分配方案和调度计划，加强水资源统一调度管理。

2017年，松辽委组织开展《绰尔河水量调度方案》编制工作，并于2017年12月完成《绰尔河水量调度方案（咨询稿）》，考虑到绰尔河具体工况变化和水量调度方案的最新编制要求，松辽委对《绰尔河水量调度方案（咨询稿）》进行修改完善，2019 年 8 月修改完成《绰尔河水量调度方案（咨询稿）》。2020 年 12 月根据最新形势与要求，并与绰尔河生态流量保障方案相协调，对报告进一步修改完善。

8.2 水量调度方案指导思想、目标、原则、调度范围及调度期

8.2.1 指导思想

以习近平新时代中国特色社会主义思想为指导，牢固树立新发展理念，积极践行习近平总书记“节水优先、空间均衡、系统治理、两手发力”治水思路，坚持创新、协调、绿色、开放、共享的新发展理念，坚持生态优先、绿色发展，以水而定、量水而行，因地制宜、分类施策的生态保护理念，全面落实最严格水资源管理制度，以水资源消耗总量和强度双控为前提，统筹流域防洪安全与供水安全，兼顾改善流域水环境需求，在确保流域防洪安全的前提下，以批复的水量分配方案为依据，以保证流域控制断面最小生态流量和航运流量为前提，以最大限度保障流域各业用水需求为重点，充分发挥调度工程的综合效益，改善水环境，强化水量调度管理，提升水资源开发利用监管能力，加快形成目标科学、配置合理、调度优化、监管有力的流域水量调度管理体系，保障流域供水安全，实现水资源可持续利用。

8.2.2 调度目标

通过实施绰尔河流域水量调度方案，落实已批复的《绰尔河流域水量分配方案》，以流域用水总量控制指标为上限，合理配置生活、生产、生态用水，使河道外各行业用水达到保证率；监管两家子断面下泄水量和最小下泄流量，为下一步开展绰尔河年度水量调度计划提供技术支撑。

8.2.3 调度原则

（1）统筹兼顾、优化配置。实行兴利与除害相结合，兼顾上下游、左右岸和有关地区之间的利益，合理配置水资源，优先满足城乡生活用水，统筹兼顾生态环境、工业、农业等用水需求，发挥水资源多种功能。

（2）生态安全、持续利用。牢固树立尊重自然、顺应自然、保护自然的理念，处理好江河水资源开发与保护的关系，严格控制江河水资源开发强度，合理开发利用水资源，保障江河基本生态用水，维护江河生态安全。

（3）因河施策，科学调度。立足绰尔河流域实际，在服从防洪总体安排的前提下，因地制宜地实施流域水量调度，根据流域来水和用水需求变化，对绰勒水库和干流引水工程等实施动态调度，加强河道外取水总量管控，充分发挥水资源综合效益。

（4）落实责任、强化监管。明确取用水户的主体责任，松辽委和省（自治区）各级水行政主管部门水量调度管理职责，依法加强水量调度监督管理和信息共享与报备，强化工作措施，严格监督考核和问责，确保水量调度目标落到实处。

8.2.4 调度范围

绰尔河流域水量调度方案调度范围与水量分配方案调度范围保持一致，即绰尔河流域总面积 17736km^2，其中内蒙古自治区占比 95%，其余为黑龙江省。

本次水量调度仅针对绰尔河流域地表水进行调度。

8.2.5 调度期

调度期为 10 月 1 日至次年 9 月 30 日，以旬为单位进行调度。

第9章

水量调度方案

9.1 工程调度原则及运用控制指标

9.1.1 调度工程确定

9.1.1.1 蓄水工程确定

绰尔河流域现状大型蓄水工程1座，为绰勒水利枢纽，兴利库容1.54亿m^3。在建大型蓄水工程1座，为文得根水利枢纽，兴利库容15.18亿m^3，2024年前后建成。文得根水利枢纽建成前，绰尔河水量调度蓄水工程为绰勒水库；文得根水利枢纽建成后，绰尔河水量调度蓄水工程为绰勒水库和文得根水库。

1. 绰勒水利枢纽

(1) 基本情况及特性指标。绰勒水利枢纽位于内蒙古自治区兴安盟扎赉特旗境内的嫩江一级支流绰尔河上，坝址位于音德尔镇上游20km处，距下游河口97.16km，是一座以灌溉为主，结合防洪、发电等综合利用的大型水利枢纽工程，坝址以上控制流域面积1.51万km^2，坝址多年平均流量62.44m^3/s，多年平均径流量19.69亿m^3。绰勒水库死水位223.80m，死库容0.23亿m^3，正常蓄水位230.50m，兴利库容1.54亿m^3，汛限水位229.50m，防洪库容0.31亿m^3，总库容2.60亿m^3。绰勒水库为年调节水库，主要特征指标见表 9.1－1。

表 9.1－1　　绰勒水库主要工程特性指标表

指标		单位	特征值
流域特征	坝址以上控制流域面积	km^2	15112
	坝址多年平均流量	m^3/s	62.44
	坝址多年平均径流量	亿 m^3	19.69
特征水位	校核洪水位	m	232.82
	设计洪水位	m	230.50
	正常蓄水位	m	230.50
	汛限水位	m	229.50
	死水位	m	223.80
库容特征	水库总库容	亿 m^3	2.60
	正常蓄水位库容	亿 m^3	1.77
	防洪库容	亿 m^3	0.31
	兴利库容	亿 m^3	1.54
	死库容	亿 m^3	0.23

（2）特性曲线。绰勒水库水位-库容-面积关系成果见表 9.1－2 和图 9.1－1。

表 9.1－2　　绰勒水库水位-库容-面积关系表

水位/m	库容/万 m^3	面积/km^2	水位/m	库容/万 m^3	面积/km^2
218.00	0	0	226.00	5691	19.2
219.00	4.8	0.65	227.00	7802	22.6
220.00	67.2	1.3	228.00	10255	26
221.00	294.1	3.4	229.00	12982	29.1
222.00	733.4	5.5	230.00	16014	32.2
223.00	1465	8.8	231.00	19394	34.9
224.00	2538	12.1	232.00	23048	37.6
225.00	3938	15.65	233.00	26858	40.6

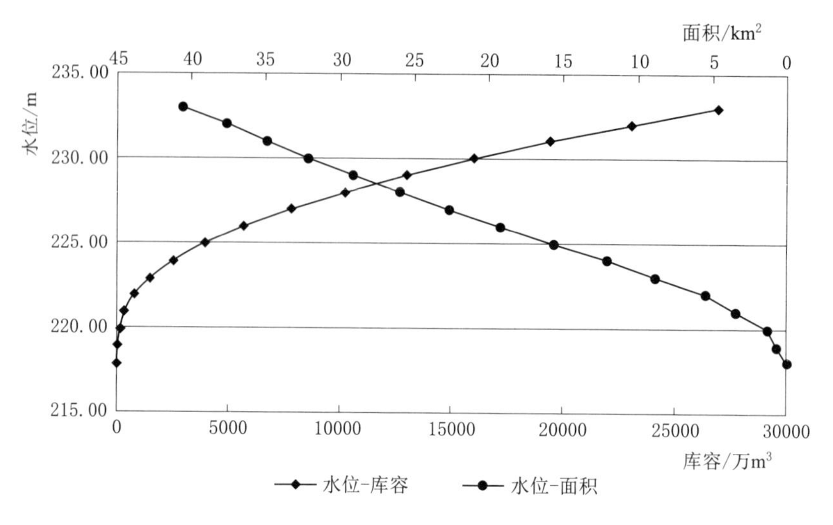

图 9.1-1　绰勒水库水位-库容-面积关系曲线图

2. 文得根水利枢纽

文得根水利枢纽是引绰济辽工程的水源工程，根据国家发改委批复的引绰济辽工程可行性研究报告，引绰济辽工程是一项从绰尔河引水到西辽河下游通辽市，向沿线城市及工业园区供水的大型引水工程。文得根水利枢纽的主要任务是以调水为主，结合灌溉，兼顾发电等综合利用。文得根水库正常蓄水位 377.00m，水库总库容 19.64 亿 m^3，兴利库容 15.18 亿 m^3，死水位 351.00m，设计水平年 2030 年工程多年平均调水量为 4.54 亿 m^3，电站装机容量为 36MW，特性指标见表 9.1-3。

表 9.1-3　　文得根水库工程特性指标表

指　标	单位	特征值	指　标	单位	特征值
坝址以上控制流域面积	km^2	12447	死水位	m	351.00
坝址多年平均流量	m^3/s	58	水库总库容	亿 m^3	19.64
坝址多年平均径流量	亿 m^3	18.26	正常蓄水位库容	亿 m^3	16.45
正常蓄水位	m	377.00	兴利库容	亿 m^3	15.18
汛限水位	m	377.00	死库容	亿 m^3	1.27

3. 水位-库容-面积关系曲线

文得根水库水位-库容-面积关系成果见表 9.1-4 和图 9.1-2。

表 9.1-4 文得根水库水位-库容-面积关系

水位/m	库容/亿 m^3	面积/km^2	水位/m	库容/亿 m^3	面积/km^2
334.56	0.00	0.00	363.00	5.51	51.85
335.00	0.00	0.00	364.00	6.05	54.97
336.00	0.00	0.02	365.00	6.61	58.35
337.00	0.00	0.18	366.00	7.22	62.43
338.00	0.00	0.53	367.00	7.86	66.13
339.00	0.01	1.28	368.00	8.54	69.83
340.00	0.03	2.49	369.00	9.26	73.65
341.00	0.06	3.44	370.00	10.01	77.51
342.00	0.10	4.76	371.00	10.81	81.33
343.00	0.16	6.47	372.00	11.64	85.90
344.00	0.23	8.20	373.00	12.52	90.26
345.00	0.32	10.16	374.00	13.44	93.93
346.00	0.43	12.29	375.00	14.40	97.44
347.00	0.57	14.42	376.00	15.40	102.27
348.00	0.72	15.67	377.00	16.45	107.26
349.00	0.88	17.30	378.00	17.54	111.87
350.00	1.07	19.17	379.00	18.69	116.99
351.00	1.27	21.66	380.00	19.88	121.43
352.00	1.50	23.80	381.00	21.12	126.65
353.00	1.75	25.95	382.00	22.41	131.94
354.00	2.02	28.21	383.00	23.75	136.62
355.00	2.31	30.22	384.00	25.14	141.59
356.00	2.62	32.64	385.00	26.59	146.65
357.00	2.96	34.85	386.00	28.07	150.70
358.00	3.32	36.98	387.00	29.60	155.08
359.00	3.70	39.25	388.00	31.2	158.41
360.00	4.11	42.14	389.00	32.8	162.64
361.00	4.54	44.91	390.00	34.4	166.79
362.00	5.01	48.56			

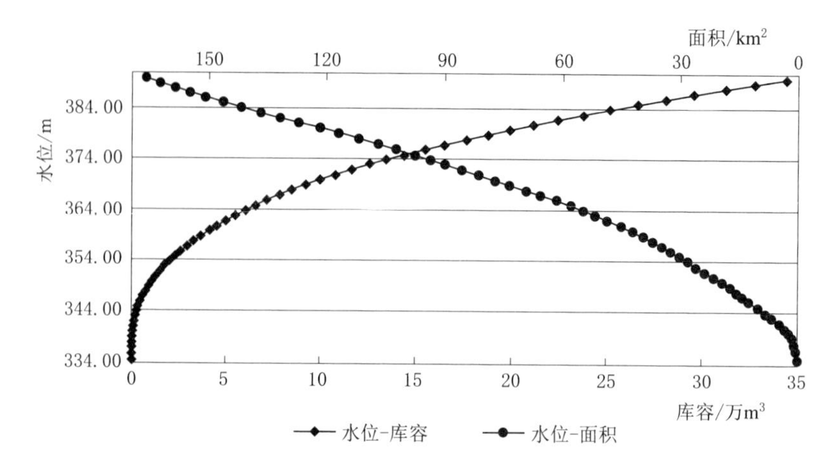

图 9.1-2 文得根水库水位-库容-面积关系曲线图

9.1.1.2 引提水调度工程确定

绰尔河流域内用水主要为农业灌溉，占总用水量 95%，选取现状灌溉面积 1 万亩以上灌区取水枢纽作为引提水调度工程，共 3 处，分别为索格营子枢纽、五道河子枢纽和扎泰龙水利枢纽。绰尔河干流灌区及取水枢纽情况详见表 9.1-5。

表 9.1-5 绰尔河干流灌区及取水枢纽情况表

<table>
<tr><th>取水枢纽</th><th>旗 县</th><th colspan="2">灌 区</th></tr>
<tr><td>索格营子枢纽</td><td rowspan="4">扎赉特旗</td><td rowspan="3">绰勒水库
下游灌区</td><td>索格营子灌域</td></tr>
<tr><td>五道河子枢纽</td><td>五道河子灌域</td></tr>
<tr><td rowspan="5">扎泰龙水利枢纽</td><td>好力保灌域</td></tr>
<tr><td colspan="2">保安沼灌区</td></tr>
<tr><td rowspan="2">泰来县</td><td colspan="2">洪家灌区</td></tr>
<tr><td colspan="2">二道坝灌区</td></tr>
<tr><td>龙江县</td><td colspan="2">东华灌区</td></tr>
</table>

9.1.1.3 控制断面确定

本次水量调度断面生态流量的确定，充分考虑了绰尔河水量分配方案，并与已批复的绰尔河生态流量保障目标（水资管〔2020〕285 号）

一致。

1. 文得根水库建成前

文得根水库建成前，控制断面为两家子断面。

由于文得根水库未发挥效益，现状绰勒水库兴利库容较小，在文得根水库建成前无生态放流任务，因此，仅控制两家子断面生态水量。生态水量采用《松辽流域重要河流生态流量保障方案》生态水量成果。生态水量保证率为75%。

表9.1-6　两家子断面生态水量表　单位：万 m^3

计算水文系列	基本生态水量			
	汛期	非汛期	冰冻期	全年
1956—2010年	20238	6746	1855	28839

2. 文得根水库建成后

文得根水库建成后，控制断面为文得根坝下断面和两家子断面。主要控制两断面的生态流量，生态流量目标采用《引绰济辽工程环境影响报告》(环审〔2017〕29号) 批复成果，生态流量目标详见表9.1-7。

表9.1-7　考核断面生态流量表　单位：m^3/s

控制断面	汛期				非汛期				冰冻期			
	6月	7月	8月	9月	4月	5月	10月	11月	12月	1月	2月	3月
文得根坝下	19.32	22.65	21.13	17.68	14.27	17.44	5.8	5.8	5.2	5.2	5.2	5.2
两家子	21.36	25.05	23.36	19.55	15.78	19.28	6.41	6.41	5.2	5.2	5.2	5.2

注　冰冻期当文得根水库入库流量小于生态流量时，按天然来水流量下泄，冰冻期最小下泄流量不小于90%保证率最枯月流量1.28m^3/s。

9.1.2　工程运用控制指标

文得根水库建成前，蓄水调度工程为绰勒水库；文得根水库建成后，蓄水调度工程为文得根水库和绰勒水库。

9.1.2.1　绰勒水库

(1) 灌溉期水库放流应充分考虑“扎泰龙分水协议”，同时5—6月要保证水库下泄水量不小于30m³/s，当天然来水与库内存水不能满足30 m³/s时，按照最大能力进行放流。

（2）在非灌溉期，当水库天然入库小于生态流量要求时，按照天然入库放流；大于天然入库时，按照生态流量要求放流，且冰冻期放流要尽量均匀稳定。

（3）绰勒水库机组放流，当生态流量要求小于机组最小放流能力时，机组可在集中时间段内放足当日的要求水量。

9.1.2.2 文得根水库

1. 调度运行的一般原则

（1）首先满足水库本身防洪安全的要求，并力求做到防洪与兴利结合。

（2）尽量满足各主要任务的要求，同时照顾综合利用的其他方面。

（3）在调度中，尽可能考虑各种兴利用水的结合。

（4）联合调度文得根水库和绰勒水库，充分利用文得根水库的多年调节性能，提高绰勒水库的供水保证率和多年电量效益；充分利用绰勒水库的反调节功能。

2. 调度运行的特殊原则

（1）灌溉与发电、下游生态用水的结合。灌溉期（4—8月）按确定的综合供水目标放流，非灌溉期（9月至次年3月）按满足下游生态需水目标控制放流，并结合灌溉和生态供水进行发电，当库水位低于发电水位要求时，电站不发电只给下游供水。

（2）灌溉与调水的关系。水库优先满足本流域的灌溉用水要求，在此基础上向外流域调水。

9.1.2.3 引提水工程

（1）两家子断面生态流量满足程度以两家子水文站实测流量扣除断面下游扎泰龙水利枢纽取水量后是否满足生态流量要求进行核定。正常年份，当两家子断面核定后流量不满足生态流量要求时，需要对两家子断面以上引提水工程取水量进行同比例削减，削减比例根据当年来水情况和断面流量实际情况确定。特殊干旱年时，河道内生态流量和河道外取水进行同比例破坏，破坏比例根据当年来水情况和断面流量实际情况确定。

（2）绰尔河流域引提水工程中，通过主河道拦河坝取水的工程主要有五道河子取水枢纽，进行拦河取水时不能将河流完全截断，应通过适当工程措施保证河道内一定水流。

9.2 调度效果分析

9.2.1 文得根水库建成前

1. 符合地表水分配水量要求

黑龙江省和内蒙古自治区2030年供水量均未超过绰尔河水量分配批复的地表水分配水量。

2. 河道外各业用水保证率

通过绰尔河水量调度，能够满足流域2030年河道外各行业用水保证率，详见表9.2-1。

表9.2-1 河道外各行业用水保证率表

用水领域	用水行业	保证率要求/%	是否达到要求
生活	城镇生活	97	是
	农村生活	95	是
	建筑业和第三产业	95	是
生产	工业	90	是
	农业	75	是
生态	城镇生态	90	是
	农村生态	50	是

3. 两家子断面生态水量和下泄水量满足程度

文得根水库建成前，主要控制两家子断面的生态水量。通过合理调度绰勒水库和引提水工程，两家子断面多年平均下泄水量为18.72亿m^3，能够满足生态水量2.88亿m^3和下泄水量17.88亿m^3要求。

9.2.2 文得根水库建成后

(1) 符合地表水分配水量要求。黑龙江省和内蒙古自治区2030年供水量均未超过绰尔河水量分配批复的地表水分配水量。

(2) 河道外各业用水保证率。通过绰尔河水量调度，能够满足流域2030年河道外各行业用水保证率，详见表9.2-2。

表9.2-2 河道外各行业用水保证程度表

用水领域	用水行业	保证率要求/%	是否达到要求
生活	城镇生活	97	是
	农村生活	95	是
	建筑业和第三产业	95	是
生产	工业	90	是
	农业	75	是
生态	城镇生态	90	是
	农村生态	50	是

(3) 控制断面生态流量满足程度。文得根水库建成后，主要控制文得根坝下断面和两家子断面的生态流量。通过合理调度文得根水库、绰勒水库和引提水工程，文得根坝下断面生态流量660个月中，有610个月能够达到要求，保证率为92%；两家子断面生态流量660个月中，有602个月能够达到要求，保证率为91%，两断面生态流量保证率均能得到满足，详见表9.2-3。

表9.2-3 文得根水库建成后控制断面生态流量保证率表

控制断面	生态流量满足月份个数/个	总月份个数/个	保证率/%
文得根坝下	610	660	92
两家子	602	660	91

(4) 两家子断面下泄水量满足程度。文得根水库建成后，主要控制文得根坝下断面和两家子断面的生态流量。通过合理调度文得根水库、调度绰勒水库和引提水工程，两家子断面多年平均下泄水量为12.34亿m^3，能够满足两家子断面下泄水量11.11亿m^3的要求。

9.3 年度调度计划的编制与下达

根据《水利部关于做好跨省江河流域水量调度管理工作的意见》（水资源〔2018〕144 号）文件精神和要求，绰尔河年度水量调度计划由松辽委组织编制。各省（自治区）水利厅负责并向松辽委上报本省（自治区）年度用水计划建议，内蒙古绰勒水利水电股份有限公司和文得根水库管理单位分别向松辽委报送绰勒水库运行计划建议。松辽委应根据绰尔河流域水量分配方案和年度预测来水量、水库蓄水量，以及水量分配与调度原则，在综合平衡年度用水计划建议和工程运行计划建议的基础上，制订年度水量调度计划并报水利部备案。如有重大问题上报联席会议决策。

绰尔河年度水量调度计划调度期从 10 月 1 日起到次年 9 月 30 日止，调度步长以旬为单位，采用年度调度计划与月、旬水量调度计划和实时调度指令相结合的调度方式。

年度调度计划应明确各省（自治区）年度水量分配指标，两家子断面生态流量及下泄水量。上述指标应符合绰尔河水量分配方案和水量调度方案要求。

9.3.1 年度水量调度计划的执行和调整

松辽委依据年度水量调度计划，制订月或旬水量计划，下达水量调度指令，同时根据河湖来水、水库蓄水及流域用水需求变化等情况，对年度或者关键调度期分水指标和断面下泄水量实行动态调整、滚动修正。

有关地方人民政府水行政主管部门及主要调度工程管理部门依据批准的年度水量调度计划和调度指令，组织实施所辖范围内的水量调度，合理安排取水、发电以及工程的调度运行。

年度预测来水量与实际来水量情况差别较大的，应适时调整年度调度计划。

9.3.2 调度后评估与总结

黑龙江省水利厅和内蒙古自治区水利厅应按照规定向松辽委报送年

度和月度取水量监测统计数据及水量调度计划落实情况，纳入统一调度的内蒙古绰勒水利水电股份有限公司和文得根水库管理单位应向松辽委报送年度和月度取用水情况。

松辽委根据黑龙江省水利厅和内蒙古自治区水利厅取水量监测统计数据和绰勒水库调度计划落实情况，结合控制断面水量调度监测结果，分析两家子断面下泄控制指标落实情况，开展绰尔河水量调度效果评估工作，形成月调度评估报告和年调度评估报告，每月向水利部报告绰尔河流域重要断面水量下泄控制指标落实情况，并通报相关省级人民政府、河长办及有关主管部门，在调度年末向水利部报告绰尔河流域水量调度计划执行情况。

9.3.3 水量调度管理职责和分工

为做好绰尔河水量调度工作，成立由松辽委、黑龙江省水利厅、内蒙古自治区水利厅，齐齐哈尔市水务局、兴安盟水利局、呼伦贝尔水利局和沿干流各市县（旗）水行政主管部门（县级水行政主管部门由省水利厅推荐选取影响较大的部分县作为小组成员单位），内蒙古绰勒水利水电股份有限公司、文得根水库管理单位、扎泰龙水利管理委员会、绰勒水库下游灌区管理局、保安沼灌区管理局、洪家灌区管理局、二道坝灌区管理局、东华灌区管理局组成的绰尔河水量调度管理协调小组，在松辽流域水量调度联席会议指导下，具体负责协调决策绰尔河的水量调度工作，日常事务统一由流域水资源调度办公室承担。

绰尔河水量调度管理协调小组具体职能包括年度水量调度工作的沟通协调，组织对水量调度工作中存在的具体问题和有关事项进行协商和确定，负责将重大事项提交松辽流域水资源调度联席会议讨论决策。

（1）松辽委职责：承担松辽流域水资源调度联席会议及协调小组相关工作；组织年度调度计划制订及执行，下达水量调度指令；向上级部门报告流域水量调度计划执行情况，并通报相关省级人民政府、河长办及有关主管部门。

（2）各省（自治区）水利厅职责：负责并向松辽委上报本省（自治区）年度用水计划建议；组织本行政区域年度取水计划逐级分解下达至取水单位或个人，实施取用水总量控制管理；落实水量调度计划并对控制断面下泄水量开展监测，对取水户取用水开展监督管理及汇总取水户取水数据并上报松辽委。

（3）各市县（旗）水行政主管部门职责：向上级部门上报年度取水计划，根据年度水量调度计划，做好年度取水计划的落实；根据年度取水计划，负责对所管辖范围内的各取水户取水情况监督管理，并将年度水量调度计划落实情况上报上级部门。

9.3.4 水量监测和信息报送

9.3.4.1 控制断面

文得根坝下断面由内蒙古水务投资集团监测，两家子断面监测由内蒙古自治区水文总局承担，监测数据由内蒙古自治区水利厅复核后上报松辽委。

9.3.4.2 取水工程

扎泰龙水利管理委员会、绰勒水库下游灌区管理局、保安沼灌区管理局、洪家灌区管理局、二道坝灌区管理局、东华灌区管理局在取水工程取水口处，应安装符合有关法规或者技术标准要求的监测计量设施，并保证设施正常使用和监测计量结果准确、可靠，且按照有关规定按月上报取水数据。

9.3.5 水量调度监督管理

松辽委联合内蒙古自治区水利厅、黑龙江省水利厅加强绰尔河水量调度执行情况的监督检查，在5—6月取用水高峰时段和枯水期，必要时可组成联合督查组，对绰勒水库下游灌区等重要取水工程实施重点监督检查。

第10章

水量调度方案保障措施

10.1 组织保障

建立松辽流域水资源调度联席会议制度，实行首席代表和副代表制度。松辽委、各省（自治区）人民政府水行政主管部门任命首席代表各1人，作为松辽流域水资源调度的首席代表，松辽委由主管水资源工作的副主任担任，省（自治区）人民政府水行政主管部门由水利厅主管水资源工作的厅领导担任；松辽委、各省（自治区）人民政府水行政主管部门任命副代表各1人，由松辽委及相关省（自治区）人民政府水行政主管部门负责水资源管理工作的负责人组成，松辽委副代表由水资源管理处处长担任，各省（自治区）副代表由水利厅水资源（管理）处处长担任。联席会议确定技术代表1名，由松辽委分管调度工作的副总工程师担任，参加联席会议。联席会议由松辽委根据工作需要定期或不定期召集，相关省（自治区）人民政府水行政主管部门首席代表或副代表参加，旨在通报和研究解决流域水资源调度工作中的重大情况和问题，参加联席会议各方达成共识并组织实施。联席会议日常事务统一由流域水资源调度办公室承担。流域水资源调度办公室负责组织开展年度调度工作，包括数据上报、整理，组织编制调度计划、组织协调小组召开会议，开展监督检查、每月评估，组织开展调度计划调整修正等具体工作。流域水资源调度办公室设在松辽委水资源管理处。

为统筹协调相关方用水权益，促进绰尔河流域经济社会发展和水事和谐，成立绰尔河流域水量调度管理协调小组，在松辽流域水资源调度联席会议指导下，具体负责协调决策绰尔河流域的水量调度工作。

10.2 机制保障

松辽委要完善绰尔河水量调度计划制订、调度决策、分工落实、监督检查、监测统计数据核定等制度，探索建立流域内各省级人民政府水行政主管部门和有关部门、有关地方人民政府以及重点取水户等管理单位参加的水量调度协商工作机制，推进科学决策、民主决策，形成监管合力。

(1) 年度水量调度工作机制。各省（自治区）水利厅负责并向松辽委上报本省（自治区）取水户的年度用水计划建议，内蒙古绰勒水利水电有限责任公司和文得根水库管理单位向松辽委报送水库年度运行计划建议。松辽委汇总相关资料并组织协调编制年度调度计划，具体事务由流域水资源调度办公室负责。年度调度计划经绰尔河水量调度管理协调小组会议确认，由松辽委批复实施。

(2) 建立水资源调度工作协商机制。绰尔河水量调度管理协调小组就调度具体工作（包括调度计划的制订、执行、调整、评估等）每年定期或不定期召开协调会议，会议由流域水资源调度办公室负责召集和组织，以公平、公正、公开、实事求是、团结协作和民主集中为协商原则，协商决定年度调度计划及相关工作安排，并对水量调度工作中存在的具体问题和有关事项进行协商和确定，如有重大问题，提请召开联席会议进行讨论决策。联席会议由松辽委召集流域内相关省（自治区）水利厅根据工作需要定期或不定期召开，通报和研究解决流域水资源调度工作中的重大情况和问题，参加联席会议各方达成共识并组织实施。

(3) 建立水资源调度信息共享机制。建立流域水资源调度管理信息共享平台，建立信息上报制度，各省（自治区）年度取水计划、大型水库年度调度计划、流域雨水情、重要工程蓄泄水情况、重要用水户取退水等实时信息应及时上传信息平台，实现信息共享，实行公开、透明的水资源阳光调度。

（4）建立水资源调度监督机制。水资源调度计划执行由松辽委负责组织监督和评估，省级人民政府水行政主管部门应对省（自治区）内取用水进行监督管理，严格落实年度取用水计划，松辽委负责将重要断面下泄控制指标落实情况向各省（自治区）水行政主管部门通报。

10.3 技术保障

各有关单位应依托国家水资源信息管理系统，完善水量调度决策信息平台，全面提升信息采集、传输报送、加工处理、预测预报、指挥决策的现代化水平，为水量调度决策提供技术保障。

应加快流域水量调度方案实时监控系统建设，积极推进流域水文站网建设和改造，抓紧制定绰尔河流域水资源监测、用水计量与统计等管理办法，健全相关技术标准体系。

为保证控制断面下泄水量控制指标能够实现，对干流上重要引水工程等取用水户的取退水应进行实时监控，并考虑与流域内各省（自治区）的取用水户取退水远程实时监控系统连接，建成覆盖全流域的取用水户取退水远程实时监控系统。针对流域水量分配过程中流域水资源控制断面、重要取用水户的监控，制订实施水量分配监控方案，主要内容应包括监控体系建设、运行和维护管理办法、监控站点监控和信息上报、预警方案和调控措施、管理单位和监控对象权责等。

10.4 制度保障

应加快推进水资源调度管理规范性文件制定出台，明确松辽委及各级水行政主管部门、相关方在水资源调度中的职责分工，规范水资源调度及其管理工作；建立完善的水资源年度调度、协调沟通、信息共享及监督管理等制度。

生态流量保障实施方案篇

第 11 章

生态流量保障方案总论

11.1 编制目的

《中华人民共和国水法》第四条提出“开发、利用、节约、保护水资源和防治水害，应当全面规划、统筹兼顾、标本兼治、综合利用、讲求效益，发挥水资源的多种功能，协调好生活、生产经营和生态环境用水。”第二十一条提出“开发、利用水资源，应当首先满足城乡居民生活用水，并兼顾农业、工业、生态环境用水以及航运等需要。在干旱和半干旱地区开发、利用水资源，应当充分考虑生态环境用水需要。”《中华人民共和国水污染防治法》第二十七条也明确国务院有关部门和县级以上地方人民政府开发、利用和调节、调度水资源时，应当统筹兼顾，维持江河的合理流量和湖泊、水库以及地下水体的合理水位，保障基本生态用水，维护水体的生态功能。

2020 年 4 月水利部印发《水利部关于做好河湖生态流量确定和保障工作的指导意见》(水资管〔2020〕67 号)，依据有关政策法规和技术要求，并按照水利部总体部署和工作安排，松辽委组织开展绰尔河生态流量保障实施方案编制工作，按照“定断面、定目标、定保证率、定管理措施、定预警等级、定监测手段、定监管责任”的要求，结合绰尔河流域综合规划、水量分配方案、水量调度方案，制定生态流量保障实施方案，明确河流生态流量保障要求。

11.2　基本原则

（1）尊重自然、科学合理。尊重河流自然规律与生态规律，按照河湖水资源条件、生态功能定位与保护修复要求，结合现阶段经济社会发展实际，把水资源作为最大的刚性约束，严格控制河湖开发强度，科学合理地确定河流生态流量（水量）目标。

（2）问题导向、讲求实用。针对目前河流生态流量（水量）和水资源调配管理工作中的薄弱环节和实际问题，把保障河流生态流量（水量）同控制流域水资源开发利用规模与强度、水资源合理配置、流域水量调度管理和生态保护等需求相结合，确保成果能够直接服务于水资源调配与生态流量监管的实际工作。

（3）统筹兼顾、生态优先。兼顾上下游、左右岸和有关地区之间的利益，合理调度水资源，统筹生活、生产、生态用水，优先满足城乡生活、河道内生态用水，处理好水资源开发与保护的关系，严格控制水资源开发强度，保障河流基本生态用水，维护河流生态安全。

（4）落实责任、强化监管。明确生态流量（水量）控制断面保障责任主体，落实生态流量保障情况主体责任，依法加强生态流量（水量）监测管理，强化工作措施，严格监督考核和问责，确保生态流量（水量）目标落到实处。

11.3　控制断面

11.3.1　考核断面

根据《水利部关于做好河湖生态流量确定和保障工作的指导意见》（水资管〔2020〕67 号），并结合《绰尔河流域综合规划》（水规计〔2020〕58 号）和《绰尔河流域水量分配方案》（水资源〔2016〕269 号）等成果中已经明确生态流量要求的控制断面，综合考虑绰尔河水资源及其开发利用、水量调度管理等情况，确定文得根坝下断面（文得根水库建成后）和两家子断面为绰尔河生态基流考核断面，详见表 11.3-1。

表 11.3-1　　考核断面基本情况表

考核断面	位　　置	断面性质
文得根坝下	扎赉特旗胡尔勒镇后巴雅村	工程断面
两家子	扎赉特旗音德尔镇二龙套海	水文站断面

注　文得根坝下断面待文得根水库建成后再进行考核。

11.3.2　管理断面

本次选取对考核断面生态流量保障和流域出口下泄水量具有作用的控制断面作为管理断面，共计 5 处。绰尔河管理断面基本情况见表 11.3-2。

表 11.3-2　　绰尔河管理断面基本情况表

管理断面	位　置	断面性质	行政区	监测情况
文得根坝下	扎赉特旗音德尔镇上游 90km 处	工程断面	内蒙古	水库出库监测
绰勒水库坝下	音德尔镇沿 111 国和省际大通道西北 20km	工程断面	内蒙古	水库出库监测
索格营子灌区渠首	绰勒水库坝下 2km	工程断面	内蒙古	取水闸计量
五道河子灌区渠首	扎赉特旗好力保镇五道河子村	工程断面	内蒙古	拦河闸计量
扎泰龙水利枢纽	扎赉特旗好力保镇九孔闸	工程断面	内蒙古、黑龙江	取水闸计量

11.4　生态保护对象

根据《松辽流域重要河流生态流量保障方案》，绰尔河文得根坝下断面无生态敏感区分布，生态保护需求类型为河流廊道功能维护。两家子断面生态敏感区是绰尔河扎兰屯市段哲罗鲑细鳞鲑国家级水产种质资源保护区，生态功能定位为生物多样性保护，生态保护需求类型为鱼类及其生境，敏感生态保护对象为细鳞鲑和哲罗鲑，其中细鳞鲑为国家二级重点保护水生野生动物，敏感期为每年的4—6月，详见表11.4-1。

表11.4-1 绰尔河主要控制断面生态保护对象表

控制断面	生态敏感区分布及要求	生态功能定位	生态保护需求类型	敏感生态保护对象	敏感期
文得根坝下	无	—	河流廊道功能维护	—	—
两家子	绰尔河扎兰屯市段哲罗鲑细鳞鲑国家级水产种质资源保护区	生物多样性保护	鱼类及其生境	细鳞鲑和哲罗鲑	4—6月

（1）细鳞鲑。细鳞鲑是鲑形目，鲑科，细鳞鱼属的一种鱼，俗称山细鳞鱼、江细鳞鱼、闾鱼、闾花鱼、金板鱼、花鱼、梅花鱼、小红鱼，其中以秦岭细鳞鲑中文名称较为科学。中国仅1属1种，是一种名贵的陆封型冷水鱼。为保护这一珍稀物种，《中华人民共和国野生动物保护法》已将其列入国家二级重点保护水生野生动物。

（2）哲罗鲑。哲罗鲑是鲑科，属冷水性的淡水食肉鱼类，体延长，略侧扁，头部平扁，口端位，口裂大，具齿且锐。鳞细小，侧线完全。体背为青褐色，体侧和腹部银白色，头部背侧布有许名黑色斑点，繁殖期有婚姻色出现，鱼体腹部腹鳍和尾鳍下叶都呈橘黄色的胭脂色彩。主要分布在亚洲北部地区，西至伏尔加河流域、东至伯朝拉河流域、南至黑龙江流域、北至勒拿河流域均有发现，在中国分布于黑龙江上游、嫩江上游、牡丹江、乌苏里江、松花江、镜泊湖、额尔齐斯河。哲罗鲑大部分时间生活在水流湍急的溪水中，冬季在较深的水体如大江干流、湖泊中越冬，春季向溪流洄游产卵。

11.5 生态流量目标及确定

11.5.1 天然径流系列分析

《绰尔河流域水量分配方案》对绰尔河流域1956—2010年的径流系列进行了代表性分析，分析结果表明其具有较好的代表性。

为满足本次生态基流目标确定的要求，统计了文得根坝下和两家子考核断面天然径流 1980—2016 年（短系列）与 1956—2010 年（长系列）多年平均径流量，1980—2016 年与 1956—2010 年天然多年平均径流量相比，文得根坝下断面多年平均径流量减少 3.2%，两家子断面多年平均径流量减少 0.7%，两断面变化幅度均小于 10%，考虑到与已批复的《绰尔河流域综合规划》和《绰尔河流域水量分配方案》径流系列的一致性，本方案生态基流计算采用 1956—2010 年天然径流系列。绰尔河考核断面不同系列天然多年平均径流量对比情况见表 11.5-1。

表 11.5-1　绰尔河考核断面不同系列天然多年平均径流量对比表

考核断面	径流系列	统计年数/年	多年平均径流量/万 m^3
文得根坝下	1956—2010 年	55	182614
	1980—2016 年	37	176712
两家子	1956—2010 年	55	200751
	1980—2016 年	37	199322

11.5.2　确定的主要原则与方法

11.5.2.1　主要确定原则

根据《绰尔河流域水量分配方案》《绰尔河流域综合规划》和《引绰济辽工程环境影响报告》等成果中明确的控制断面生态基流，并结合近年来水资源禀赋条件变化，按照以下原则确定主要控制断面的生态基流：

(1) 绰尔河流域文得根水库 2018 年开工建设，预计 2024 年前后建设完成，生态基流目标按照文得根水库建成前和建成后两种工况确定。

(2) 已有成果已经明确生态基流的断面，原则上采用已有成果。文得根坝下和两家子断面已明确生态基流目标，且生态基流计算天然径流系列为 1956—2010 年。

11.5.2.2 主要确定方法

1. 文得根水库建成前

文得根水库建成前，考核断面仅为两家子断面，考核目标为生态水量，生态水量成果采用《松辽流域重要河流生态流量保障方案》成果。

2. 文得根水库建成后

文得根水库建成后，考核断面为文得根坝下断面和两家子断面，考核目标为生态基流，生态基流目标采用《引绰济辽工程环境影响报告》（环审〔2017〕29号）批复成果。

11.5.3 生态流量目标

（1）已有成果确定的控制断面生态基流。系统整理了已批复的《绰尔河流域水量分配方案》（水资源〔2016〕269号）、《引绰济辽工程水资源论证》（松辽水资源〔2017〕23号）、《引绰济辽工程环境影响报告》（环审〔2017〕29号）和《绰尔河流域综合规划》（水规计〔2020〕58号）等成果，详见表11.5-2～表11.5-5。

表11.5-2　　水量分配方案生态流量表　　单位：m^3/s

控制断面	非汛期	汛期
两家子	6.4	19.2

注　当两家子枯水期的天然流量小于上述控制流量时，按天然流量下泄。

表11.5-3　　引绰济辽工程水资源论证生态流量表　　单位：m^3/s

控制断面	非汛期								汛期			
	1月	2月	3月	4月	5月	10月	11月	12月	6月	7月	8月	9月
文得根坝下	5.2	5.2	5.2	14.27	17.44	5.8	5.8	5.2	19.32	22.65	21.13	17.68
两家子	5.2	5.2	5.2	15.78	19.28	6.41	6.41	5.2	21.36	25.05	23.36	19.55

注　冰冻期当文得根水库入库流量小于生态流量时，按天然来水流量下泄，冰封期最小下泄流量不小于90%保证率最枯月流量1.28m^3/s。

表 11.5-4　　引绰济辽工程环境影响报告生态流量表　　单位：m^3/s

控制断面	非汛期								汛期			
	1月	2月	3月	4月	5月	10月	11月	12月	6月	7月	8月	9月
文得根坝下	5.2	5.2	5.2	14.27	17.44	5.8	5.8	5.2	19.32	22.65	21.13	17.68
两家子	5.2	5.2	5.2	15.78	19.28	6.41	6.41	5.2	21.36	25.05	23.36	19.55

注　冰冻期当文得根水库入库流量小于生态流量时，按天然来水流量下泄，冰封期最小下泄流量不小于90%保证率最枯月流量1.28m^3/s。

表 11.5-5　　绰尔河流域综合规划生态流量表　　单位：m^3/s

控制断面	非汛期								汛期			
	1月	2月	3月	4月	5月	10月	11月	12月	6月	7月	8月	9月
文得根坝下	5.2	5.2	5.2	14.27	17.44	5.8	5.8	5.2	19.32	22.65	21.13	17.68
两家子	5.2	5.2	5.2	15.78	19.28	6.41	6.41	5.2	21.36	25.05	23.36	19.55

注　冰冻期当文得根水库入库流量小于生态流量时，按天然来水流量下泄，冰封期最小下泄流量不小于90%保证率最枯月流量1.28m^3/s。

(2) 文得根坝下断面冰封期最枯月流量。《绰尔河流域水量分配方案》《引绰济辽工程水资源论证》《引绰济辽工程环境影响报告》和《绰尔河流域综合规划》均采用1956—2010年55年天然径流系列，分析整理文得根坝下断面55年天然径流系列冰冻期最枯月为2月，冰冻期最枯月90%来水频率流量为1.28m^3/s，详见表11.5-6。

表 11.5-6　　55年系列冰冻期各月90%频率对应流量表

月份	频率/%	流量/(m^3/s)	月份	频率/%	流量/(m^3/s)
12	91.07	3.52	2	91.07	1.28
1	91.07	1.71	3	91.07	2.48

注　91.07%为最接近90%频率数据。

(3) 考核断面多年平均流量。文得根坝下断面和两家子断面多年平均流量见表11.5-7。

表11.5-7　　考核断面多年平均流量表　　单位：m^3/s

断面	汛期	非汛期	冰冻期	全年
文得根坝下	132.6	35.4	5.2	57.9
两家子	146.9	38.2	5.1	63.6

（4）生态流量（水量）目标确定。

1）文得根水库建成前，工程未发挥效益，现状绰勒水库兴利库容较小，在文得根水库建成前无生态放流任务，因此，仅考核两家子断面生态水量。生态水量采用《松辽流域重要河流生态流量保障方案》生态水量成果，详见表11.5-8。

表11.5-8　　两家子断面生态水量表　　单位：万m^3

计算水文系列	基本生态水量			
	汛期	非汛期	冰冻期	全年
1956—2010年	20238	6746	1855	28839

2）文得根水库建成后，考核断面为文得根坝下断面和两家子断面，考核目标为两断面生态流量，生态流量目标采用《引绰济辽工程环境影响报告》（环审〔2017〕29号）批复成果，生态流量目标详见表11.5-9。

表11.5-9　　考核断面生态流量表　　单位：m^3/s

控制断面	汛期				非汛期				冰冻期			
	6月	7月	8月	9月	4月	5月	10月	11月	12月	1月	2月	3月
文得根坝下	19.32	22.65	21.13	17.68	14.27	17.44	5.8	5.8	5.2	5.2	5.2	5.2
两家子	21.36	25.05	23.36	19.55	15.78	19.28	6.41	6.41	5.2	5.2	5.2	5.2

注　冰冻期当文得水库根入库流量小于生态流量时，按天然来水流量下泄，冰封期最小下泄流量不小于90%保证率最枯月流量1.28m^3/s。

（5）生态流量（水量）目标保证率。

生态水量保证率为75%。

生态流量保证率为90%。

11.5.4 考核断面现状生态流量保障情况评价

11.5.4.1 评价方法

1. 文得根水库建成前

采用 1980—2016 年各分期 37 年长系列实测径流量进行评价，保障程度为各分期 37 年实测径流量达到或超过生态水量的年数与 37 年的比值。

2. 文得根水库建成后

采用 1980—2016 年 37 年长系列逐日实测流量进行评价，保障程度为各分期 37 年逐日实测流量达到或超过生态基流的天数与各分期 37 年实测总天数的比值。

11.5.4.2 评价结果

1. 文得根水库建成前

文得根水库建成前，两家子断面生态水量按照目标考核，4 个时期全部满足 75%的要求，其中汛期 89%，非汛期 100%，冰冻期 81%，全年 97%，详见表 11.5-10。

表 11.5-10 生态水量满足程度表

分期	汛期	非汛期	冰冻期	全年
生态水量目标/万 m^3	20238	6746	1855	28839
保证率/%	89	100	81	97

2. 文得根水库建成后

根据 1980—2016 年 37 年系列实测径流成果分析，生态基流按照文得根建成后生态流量要求进行评价，文得根坝下断面汛期只有 8 月满足保证率要求，非汛期 10 月和 11 月均满足保证率要求，冰冻期保证率达到 98%；两家子断面汛期均不满足保证率要求，非汛期仅 10 月满足保证率要求，冰冻期保证率为 69%。现状实测出现不满足保证率的原因主要是现状绰勒水库无生态放流任务，且文得根水库尚未建成，待文得根水库建成后，可与绰勒水库共同保证下游断面的生态流量要求，详见表 11.5-11。

表 11.5-11　　控制断面生态流量满足情况表

控制断面	汛期				非汛期				冰冻期			
	6月	7月	8月	9月	4月	5月	10月	11月	12月	1月	2月	3月
文得根坝下/%	74	87	92	89	67	77	100	96	98			
两家子/%	75	83	86	78	54	76	92	74	69			

第12章

生态流量保障方案

12.1 生态流量调度

12.1.1 调度及管控工程

为保障文得根坝下断面和两家子断面生态基流目标要求，纳入调度和管控的工程共5个，即文得根水库、绰勒水库、索格营子灌区取水工程、五道河子灌区取水工程和扎泰龙水利枢纽。

12.1.2 调度规则

将文得根坝下断面和两家子断面生态流量保障纳入绰尔河水量调度，在年度水量调度计划实施过程中，满足生态流量管控要求。

水量调度按照绰尔河年度水量调度计划执行。年度水量调度计划制订时应充分考虑保障文得根坝下断面和两家子断面生态流量目标的需要，加强用水需求管理，在确保生活和生产用水同时，保障文得根坝下断面和两家子断面生态基流。

水量调度应服从防洪调度，区域水量调度应服从流域水量调度，供水、灌溉等工程运行调度应服从水量统一调度。

12.1.3 控制性工程调度方案

文得根水库建成前，控制性工程为绰勒水库，文得根水库建成后，绰尔河流域生态流量保障由文得根水库和绰勒水库共同完成。

（1）绰勒水库。

1）灌溉期水库放流需充分考虑“扎泰龙分水协议”，同时 5—6 月要保证水库下泄水量不小于 $30m^3/s$。

2）文得根水库建成后，绰勒水库不能拦蓄文得根泄放的生态流量，应与文得根水库的生态放流保持一致。

（2）文得根水库。

1）文得根水库建成后，文得根坝下断面生态基流非汛期按不小于多年平均流量的 10%控制，即 $5.8m^3/s$，天然来水小于 $5.8m^3/s$ 时，按天然来水流量下泄。

2）汛期按不小于多年平均流量的 30%控制，即 $17.4m^3/s$。

12.1.4 河道外用水管理

正常来水情况下，松辽委组织黑龙江省和内蒙古自治区按照绰尔河年度水量调度计划确定的省（自治区）分配用水进行管控，严格各控制断面以上取水管理，加强断面流量监测。

特枯水年或连续枯水年时，根据断面以上来水、区间产水，优先保障城乡居民基本生活用水，考虑控制断面的生态基流指标要求，对管控的取水工程按计划取水量同比例削减，尽量确保文得根坝下和两家子断面的生态基流。涉及河道外取水的管理断面管控要求如下。

（1）索格营子灌区渠首。索格营子灌区渠首引用绰勒水库电站尾水进行灌溉，正常年份取水不得超过批复水量，当遇特枯水年或连续枯水年时，要对灌区取水进行削减，削减比例按照年度调度计划和应急调度指令确定。

（2）五道河子灌区渠首。五道河子灌区渠首采用拦河闸取水，正常年份取水不得超过批复水量，拦河闸不能将绰尔河干流全部拦截，须预留河水下泄出口保证河流畅通，当遇特枯水年或连续枯水年时，要对灌区取水进行削减，削减比例按照年度调度计划和应急调度指令确定。

(3) 扎泰龙水利枢纽。扎泰龙水利枢纽为内蒙古自治区扎赉特旗、黑龙江省龙江县和泰来县共同管理的枢纽，正常年份，取水充分考虑“扎泰龙分水协议”且不得超过批复水量，当遇特枯水年或连续枯水年时，要对灌区取水进行削减，削减比例按照年度调度计划和应急调度指令确定。

12.1.5 常规调度管理

12.1.5.1 年度水量调度计划编制及备案

绰尔河年度水量调度计划由松辽委组织编制。黑龙江省和内蒙古自治区水利厅负责汇总辖区内的年度用水计划建议，内蒙古水务投资集团负责将文得根和绰勒水库运行计划建议按规定报送松辽委，松辽委根据绰尔河流域水量分配方案、绰尔河水量调度方案和年度预测来水量，依据水量分配与调度原则，在综合平衡年度用水计划建议和工程运行计划建议的基础上，制订下达年度水量调度计划并报水利部备案。

黑龙江和内蒙古两省（自治区）根据松辽委下达的年度水量调度计划，组织辖区内水量调度，结合径流预报情况，严格取用水管理，强化工程调度，确保断面流量达到规定的控制指标。

绰尔河年度水量调度计划调度期从10月1日起至次年9月30日止，以旬为单位进行调度，采用年度调度计划和实时调度指令相结合的调度方式。

12.1.5.2 实时调度指令制定及下达

密切跟踪监视绰尔河水情、雨情、墒情、旱情及引水等情况，预测其发展趋势，根据需要在绰尔河年度水量调度计划基础上下达实时调度指令，合理控制取水口引水，确保文得根坝下和两家子断面生态基流达标。

12.1.6 应急调度预案

当遇特枯水、连续枯水年时，统筹流域内生活、生产、生态用水，优先保障城乡居民基本生活用水，切实保障河道生态基流。

黑龙江省和内蒙古自治区水行政主管部门按照规定的权限和职责，

开展绰尔河流域相应辖区内水量应急调度；文得根水库（建成后）和绰勒水库按规定实施水库应急泄流方案，引提水工程运行管理单位服从绰尔河流域水资源统一调度和管理；各类河道外取水户按照要求削减取用水量，尽量确保考核断面生态基流。

绰尔河流域主要取水工程概化图见图 12.1-1。

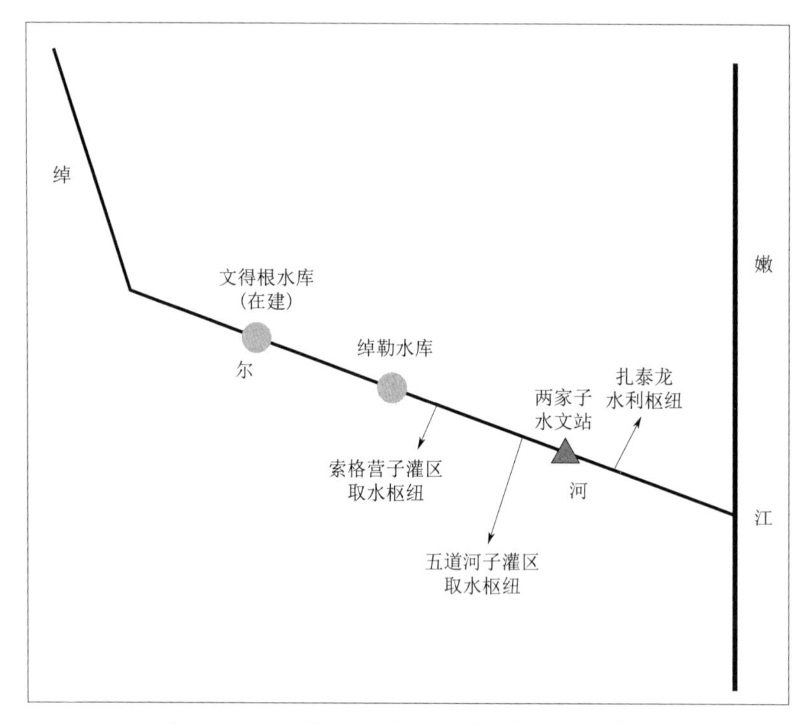

图 12.1-1　绰尔河流域主要取水工程概化图

12.2　生态流量监测及预警方案

12.2.1　监测方案

12.2.1.1　监测对象

本方案以考核断面为监测重点，兼顾管理断面的监测。

1. 重点监测断面

重点监测断面为文得根坝下和两家子考核断面。可以依托已有的水文站点获取考核断面下泄量监测资料。文得根坝下断面监测数据依托水库出库监测数据，两家子断面监测数据依托两家子水文站获取，监测单位为内蒙古自治区兴安盟水文勘测局，详见表12.2-1。

表12.2-1　绰尔河考核断面监测数据来源情况表

断面	断面性质	断面位置	监测数据来源	监测单位
文得根坝下	工程断面	文得根水库坝下	水库出库监测	内蒙古水务投资集团
两家子	水文站断面	内蒙古自治区扎赉特旗音德尔镇二龙套海	两家子水文站	内蒙古自治区兴安盟水文勘测局

文得根坝下断面监测数据和两家子水文站水情信息报送应严格执行《水情信息编码标准》（SL 330），按要求报送每日流量。各站应加强对拍报内容的校核和对水位-流量关系曲线及本站测站特性分析，实测流量资料应在及时校核后拍报，切实做到“四随四不”，提高拍报质量和精度。

文得根水库和两家子水文站应保证信息通道的正常运行，加强报汛质量管理，认真落实水情拍报应急措施，保障全年水情拍报质量和时效。

通过全国“水情信息交换系统”，实现松辽委及内蒙古、黑龙江两省（自治区）关于文得根坝下和两家子断面每日流量等水情信息的共享，保证生态流量工作顺利开展。

2. 兼顾监测断面

兼顾监测断面为文得根坝下、绰勒水库坝下、索格营子灌区渠首、五道河子灌区渠首、扎泰龙水利枢纽5个管理断面。管理断面为已建农业灌区取水口断面的，应安装符合有关法规或者技术标准要求的取水计量设施，并保证设施正常使用和监测计量结果准确、可靠。

12.2.1.2　监测内容

为有效落实绰尔河水量分配方案和水量调度方案中生态流量要求，保障绰尔河生态环境良好状态，应对文得根坝下断面和两家子断面进行监测，监测内容为汛期和非汛期的水位、流量。

12.2.1.3 监测方式

1. 重点监测断面

文得根坝下断面和两家子断面监测频次为日监测。流量如有较大波动变化，要按照实际情况加测。

2. 兼顾监测断面

绰勒水库坝下、索格营子灌区渠首、五道河子灌区渠首断面，相应的取水口安装有取水计量设施，监测内容为实时流量，监测频次为日监测。

12.2.1.4 报送流程

1. 重点监测断面

文得根坝下断面为工程断面、两家子断面为水文站断面，其下泄流量详细监测数据由监测单位通过全国“水情信息交换系统”实时报送松辽委。

2. 兼顾监测断面

5 个管理断面即文得根坝下、绰勒水库坝下、索格营子灌区渠首、五道河子灌区渠首、扎泰龙水利枢纽断面取水流量详细监测数据由监测单位直接报送松辽委。已有数据平台等网络传送基础的，取用水监测计量信息应通过平台实时报送；尚未建立数据传送平台的，可采用工作信息专报（表）的形式报送。

12.2.2 预警方案

12.2.2.1 预警层级

1. 文得根水库建成前

文得根水库建成前，考核断面仅有 1 个即两家子断面，采用生态水量考核，不设置考核层级。

2. 文得根水库建成后

文得根水库建成后，考核断面为文得根坝下断面和两家子断面，其中文得根坝下断面仅设置红色预警层级，两家子断面设置蓝色预警和红色预警两个生态流量预警层级。

12.2.2.2 预警阈值

1. 文得根水库建成前

两家子断面考核生态水量，不设置预警阈值。

2. 文得根水库建成后

文得根坝下断面红色预警阈值按生态流量目标值100%设置；两家子断面蓝色预警阈值按照生态基流目标值100%～110%设置，红色预警阈值按照生态基流目标值的100%设置，详见表12.2-2～表12.2-4。

表12.2-2 考核断面（汛期）预警层级和预警阈值表 单位：m^3/s

控制断面	预警	汛期			
		6月	7月	8月	9月
文得根坝下	红色预警	$Q_1 \leq 19.32$	$Q_1 \leq 22.65$	$Q_1 \leq 21.13$	$Q_1 \leq 17.68$
两家子	蓝色预警	$21.36 \leq Q_2 \leq 23.5$	$25.05 \leq Q_2 \leq 27.56$	$23.36 \leq Q_2 \leq 25.7$	$19.55 \leq Q_2 \leq 21.51$
	红色预警	$Q_2 < 21.36$	$Q_2 < 25.05$	$Q_2 < 23.36$	$Q_2 < 19.55$

注 Q_1 为文得根坝下断面实时监测流量；Q_2 为两家子断面实时监测流量。

表12.2-3 考核断面（非汛期）预警层级和预警阈值表 单位：m^3/s

控制断面	预警	非汛期			
		4月	5月	10月	11月
文得根坝下	红色预警	$Q_1 \leq 14.27$	$Q_1 \leq 17.44$	$Q_1 \leq 5.8$	$Q_1 \leq 5.8$
两家子	蓝色预警	$15.78 \leq Q_2 \leq 17.36$	$19.28 \leq Q_2 \leq 21.21$	$6.41 \leq Q_2 \leq 7.05$	$6.41 \leq Q_2 \leq 7.05$
	红色预警	$Q_2 < 15.78$	$Q_2 < 19.28$	$Q_2 < 6.41$	$Q_2 < 6.41$

注 Q_1 为文得根坝下断面实时监测流量；Q_2 为两家子断面实时监测流量。

表12.2-4 考核断面（冰冻期）预警层级和预警阈值表 单位：m^3/s

控制断面	预警	冰冻期			
		12月	1月	2月	3月
文得根坝下	红色预警	$Q_1 \leq 5.2$	$Q_1 \leq 5.2$	$Q_1 \leq 5.2$	$Q_1 \leq 5.2$
两家子	蓝色预警	$5.2 \leq Q_2 \leq 5.72$	$5.2 \leq Q_2 \leq 5.72$	$5.2 \leq Q_2 \leq 5.72$	$5.2 \leq Q_2 \leq 5.72$
	红色预警	$Q_2 < 5.2$	$Q_2 < 5.2$	$Q_2 < 5.2$	$Q_2 < 5.2$

注 Q_1 为文得根坝下断面实时监测流量；Q_2 为两家子断面实时监测流量。

12.2.2.3 预警措施

1. 流量日常监测

加强文得根坝下断面和两家子断面下泄流量日常监测以及监测数据收集、整理、分析、报送工作。

2. 信息报告

当文得根坝下断面和两家子断面下泄流量低至预警值时，监测单位应立即将有关情况报送监管责任主体。

3. 预警发布

监管责任主体通过电话、微信、当面告知等渠道或方式向考核断面保障责任主体及监测单位、沿河主要取水口管理单位发布预警信息。

4. 预警状态调整

监管责任主体与各考核断面监测单位保持密切联系，通过考核断面下泄流量监测信息调整预警状态，并及时告知保障责任主体及监测单位、沿河主要取水口管理单位。

5. 预警响应措施

结合文得根坝下断面和两家子断面以上来水情况以及取水工程情况，制订针对文得根坝下断面和两家子断面发生生态流量预警事件时相应的响应措施。

发生生态流量预警时，监测单位应加密控制断面下泄流量监测频次；保障责任主体应加强沿河取水口取水量监控，同时组织专业人员开展调查分析工作，及时查明生态流量预警原因，有针对性地制订解决方案，并监督实施，尽快解除该预警。

12.3 责任主体与考核要求

12.3.1 责任主体

12.3.1.1 保障责任主体

文得根坝下断面生态基流保障责任主体为内蒙古水务投资集团，两家子断面生态基流保障责任主体为内蒙古自治区扎赉特旗人民政府。内蒙古自治区水利厅、黑龙江省水利厅负责辖区内的绰尔河水量调度工作，根据绰尔河水量调度方案，加强辖区内用水总量控制，严格取水许可，确保文得根坝下断面和两家子断面生态基流达到规定指标要求。

12.3.1.2 监管责任主体

文得根坝下断面和两家子断面生态基流监管责任主体为松辽委，负责文得根坝下断面和两家子断面生态流量保障的监督检查，每年定期或不定期开展现场检查，密切跟踪断面流量，发生生态流量预警事件时，组织实施应急调度。要落实监管责任，强化督查检查。绰尔河生态流量考核断面责任主体详见表 12.3-1。

表 12.3-1　绰尔河生态流量考核断面责任主体

考核断面	断面性质	保障责任主体	监管责任主体
文得根坝下	工程断面	内蒙古水务投资集团	松辽水利委员会
两家子	水文站断面	内蒙古自治区扎赉特旗人民政府	松辽水利委员会

松辽水利委员会依托国家水资源监控平台等，以现场检查、台账查询、动态监控等方式，对控制断面生态流量进行监管，日常调度管理中生态基流按日均流量监管，每月月初统计上月文得根坝下断面和两家子断面生态基流达标情况，并通报黑龙江和内蒙古两省（自治区），详见表 12.3-2。

表 12.3-2　考核断面生态基流达标情况统计

河流		绰尔河	
考核断面		文得根坝下	两家子
12月至次年3月	生态基流指标/(m^3/s)	5.2	5.2
	最小流量		
	未达标天数		
	发生时间		
4月	生态基流指标/(m^3/s)	14.27	15.78
	最小流量		
	未达标天数		
	发生时间		

续表

河流		绰尔河	
考核断面		文得根坝下	两家子
5 月	生态基流指标/(m^3/s)	17.44	19.28
	最小流量		
	未达标天数		
	发生时间		
6 月	生态基流指标/(m^3/s)	19.32	21.36
	最小流量		
	未达标天数		
	发生时间		
7 月	生态基流指标/(m^3/s)	22.65	25.05
	最小流量		
	未达标天数		
	发生时间		
8 月	生态基流指标/(m^3/s)	21.13	23.36
	最小流量		
	未达标天数		
	发生时间		
9 月	生态基流指标/(m^3/s)	17.68	19.55
	最小流量		
	未达标天数		
	发生时间		
10—11 月	生态基流指标/(m^3/s)	5.8	6.41
	最小流量		
	未达标天数		
	发生时间		

注 生态基流达标情况统计需按月填写。

12.3.2 考核评估

12.3.2.1 考核断面

1. 文得根水库建成前

确定两家子断面作为绰尔河生态基流保障考核断面。

2. 文得根水库建成后

确定文得根坝下断面和两家子断面作为绰尔河生态基流保障考核断面。

12.3.2.2 考核评价办法

1. 文得根水库建成前

考核内容：生态水量。

评价时长：每年考核一次，按分期评价。

评价指标：满足程度。

生态水量考核采用月径流量，按照当年实际来水情况进行考核。当发生来水偏枯及区域干旱、突发水污染等应急突发事件或防汛调度期间，按有关规定执行。考核结果以各分期和年满足程度为依据。

生态水量满足程度采用各分期和年径流量不小于生态水量的时段数占总时段数的比值进行计算，得出生态水量满足程度，对各考核断面的责任主体进行考核，生态水量满足程度大于75%时，等级为“合格”；生态水量满足程度小于75%时，等级为“不合格”。文得根水库建成前生态水量年度考核统计详见表12.3-3。

表12.3-3　文得根水库建成前生态水量年度考核统计表

考核断面		两家子基本生态环境需水量			
		汛期（6—9月）	非汛期（4—5月、10—11月）	冰冻期（12月至次年3月）	全年
生态水量指标/万 m^3		20238	6746	1855	28839
年度满足程度	总考核时段数	各分期			年
	总达标时段数				
	满足程度/%				

2. 文得根水库建成后

考核内容：生态基流。

评价时长：每年考核一次，考核评价时长为日。

评价指标：满足程度。

生态基流考核采用日均流量，按照当年实际来水情况进行考核。当发生来水偏枯及区域干旱、突发水污染等应急突发事件或防汛调度期间，按有关规定执行。考核结果以日满足程度为依据。

日满足程度采用日均流量不小于生态基流的时段数占总时段数的比值进行计算。年实测日均流量监测样本总数为 365。

根据考核断面生态流量监测数据，计算生态基流日满足程度，通过绰尔河主要控制断面生态基流日满足程度的比较，对各控制断面的责任主体进行考核，考核结果划分为“合格”和“不合格”两个等级。生态基流的日满足程度不小于 90%时，等级为“合格”；生态基流的日满足程度小于 90%时，等级为“不合格”。年度考核统计详见表 12.3-4。

表 12.3-4　　考核断面生态基流年度考核统计

考核断面		两家子	文得根坝下
生态基流指标/(m^3/s)			
年度满足程度	总考核时段数	平年为 365，闰年为 366	平年为 365，闰年为 366
	总达标时段数		
	未达标时段数		
	满足程度/%		

12.3.2.3 考核评价流程

绰尔河生态流量保障考核工作，由松辽委按照水利部有关生态基流考核要求，结合最严格水资源管理制度考核，对绰尔河生态基流保障目标落实情况进行考核。每年 12 月底前，将年度考核评价报告报送水利部。

除年度考核工作之外，松辽委会每年定期或不定期组织开展日常监督检查工作，监督检查结果计入年度考核评价报告。年度考核等级为

“合格”的控制断面，对相关保障责任主体予以通报表扬；年度考核“不合格”的控制断面，相关保障责任主体单位应根据实际情况分析控制断面生态流量不满足的原因，查找存在问题，提出整改措施，向松辽委提交书面报告。

第 13 章

生态流量保障措施

13.1　加强组织领导，落实责任分工

绰尔河生态流量保障实施涉及的管理单位（部门）包括松辽委、黑龙江省政府、内蒙古自治区政府、内蒙古水务投资集团、内蒙古绰勒水利水电股份有限公司、沿河取水工程管理单位等。黑龙江省和内蒙古自治区人民政府应将绰尔河生态流量保障作为推进生态文明建设、加强河湖生态保护和落实河长制的重点工作目标任务，按照绰尔河生态流量保障实施方案，组织实施绰尔河生态流量保障工作。根据生态流量保障工作目标和任务，明确各责任主体职责；各政府部门应落实主要领导负责制，加强组织领导，明确任务分工，逐级落实责任。

13.2　完善监管手段，推进监控体系建设

加快生态流量调度实时监控系统建设，完善绰尔河生态流量控制断面的监控站点建设，对绰尔河生态流量主要控制断面下泄水量、沿河主要取水口取退水进行实时监控。积极推动生态流量信息平台建设，结合全国“水情信息交换系统”、取水工程（设施）核查登记信息平台等，与生态流量监测预警系统进行耦合，通过网络互联、数据共享、程序调用

等方式，建立集信息发布、监测预警、考核评估等多种功能为一体的生态流量管控信息平台。

13.3 健全工作机制，强化协调协商

促进部门的沟通协商、议事决策和争端解决。完善水资源统一调度和配置制度，建立生态流量调度管理制度。在统一调度管理制度中明确各单位和部门的生态流量保障管理事权、生态流量调度计划等。建立信息共享制度，通过建立生态流量监控信息平台，实现绰尔河生态流量保障相关数据和信息的交互和传递。建立生态流量补偿机制，尽快出台生态流量保障的意见，适当运用生态补偿手段，从政策和资金上予以补助，鼓励和引导工程运行管理单位做好生态流量保障工作。

13.4 强化监督检查，严格考核问责

生态流量保障由松辽委负责组织监督，并按照水利部有关生态流量考核要求开展考核评估，各省（自治区）人民政府水行政主管部门应对省内取用水进行监督管理，严格落实年度取用水计划，绰尔河生态流量调度与监测预警管理协调小组应将主要控制断面生态流量保障情况向各省（自治区）水行政主管部门、主要控制断面对应河段的河长通报。松辽委定期或不定期组织开展生态流量监督检查专项行动，对日常监督管理情况、监测监控预警情况以及控制断面生态流量目标的满足情况进行检查督查，对存在的问题提出整改要求，并督促整改落实。

按照水利部有关生态流量考核要求开展绰尔河生态流量保障考核评估工作，考核结果作为最严格水资源管理制度和河长制工作的重要依据，建立生态流量保障考核制度体系。通过严格考核评估和监督，强化生态流量保障在最严格水资源管理制度和河长制工作中的地位，督促落实各级政府职责，确保绰尔河生态流量保障工作落到实处。

参 考 文 献

[1] 松辽水利委员会. 松花江和辽河流域水资源综合规划 [R], 2010.

[2] 松辽水利委员会. 松花江流域综合规划 [R], 2013.

[3] 松辽水利委员会. 绰尔河流域水量分配方案 [R], 2016.

[4] 松辽水利委员会. 绰尔河流域综合规划 [R], 2020.

[5] 中水东北勘测设计研究有限责任公司、内蒙古自治区水利水电勘测设计院. 引绰济辽工程可行性研究报告 [R], 2017.